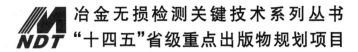

冶金无损检测关键技术系列丛书
"十四五"省级重点出版物规划项目

无损检测基础知识

——材料与加工工艺

冶金无损检测人员技术资格鉴定委员会　张建卫　著

U0246245

合肥工业大学出版社

编写委员会

主　编　张建卫

副主编　陈昌华　徐　磊　陈翠丽

成　员　（以姓氏笔画为序）

丁伟臣　王鹏飞　吕　丹　刘光磊

刘晓磊　孙　锐　孙　昊　时飞扬

张广新　宋雷钧　闵　明　张海龙

张鸿博　李景辉　李祝茂　陈继平

陈海山　罗云东　周立波　赵仁顺

赵旭艳　钱健清　黄　智　谭　鹰

魏志辉

序　言

　　无损检测技术是质量控制中不可或缺的基本技术,无损检测是发现产品中缺陷、保证产品质量的有效手段,在产品质量控制中发挥着越来越重要的作用,已成为各行业产品质量控制的有力手段。无损检测应用的有效性主要取决于所采用的技术和设备的水平,在很大程度上取决于无损检测人员的经验和能力。无损检测人员的资格是指对报考人员正确履行特定级别无损检测任务所需知识、技能、培训和实践经历所作的验证;认证是对无损检测报考人员某种无损检测方法的资格的批准并作出书面证明的程序。对无损检测人员进行资格鉴定是国际通行做法。美国、欧洲等发达国家都建立了有关无损检测人员资格鉴定与认证准则,通过人员资格鉴定与认证对其能力进行确认。无损检测人员资格鉴定与认证对确保产品质量非常重要。

　　改革开放以来,特种、航天、航空、冶金、铁路、船舶、机械等行业先后开展了无损检测人员资格鉴定与认证工作,对提高无损检测人员的技术水平和保证产品质量发挥了重要作用。随着市场经济体制完善,工业管理体制改革逐步深化,技术进步日新月异,特别是高新技术装备科研生产对质量工作提出更高要求。未来是工业实现跨越发展的重要时期,如何做好无损检测人员资格鉴定与认证工作,对确保装备产品生产的质量具有极为重要的意义。为了做好无损检测人员资格鉴定与认证考核工作,编写了这套系列丛书。

　　教材是进行人员培养和教学的直接工具。1993年、1997年、2015年和2021年冶金无损检测人员技术资格鉴定委员会相继组织编纂了《金属材料的超声波检测》《金属材料的涡流检测》《铁磁金属材料的漏磁检测》和《铁磁金属材料的磁粉检测》四部教材,在介绍通用基础理论、技术的基础上,还特别侧重讲述了专门用于冶金行业自动化无损检测设备应用人员所需培训的内容。经过20余年的试用和不断改进,这些教材已经趋于成熟和完善。正式出版全面、系统地介绍无损检测技术的教材,用于无损检测人员培训与资格鉴定的时机已经成熟。

根据"无损检测人员资格鉴定与认证"培训教材的编写要求和分工,遵循以下编制原则:一是紧密围绕考试大纲,强调实际操作;二是突出检测共性并体现金属工业工作特色;三是教材内容按照材料、工艺及缺陷三部分进行编排。

全书分为三个部分共七章。第一部分"材料知识":重点介绍金属工业中大量使用的主要金属结构材料——钢铁材料(非合金钢、低合金钢和合金钢)、高温合金材料、轻金属材料(铝合金、钛合金和镁合金)的分类、特点与应用、产品牌号表示方法等,另外对塑料、复合材料和火炸药也作了简单介绍;第二部分介绍企业装备涉及的基本工艺——炼铁、炼钢、金属铸造、金属塑性加工、金属焊接、粉末冶金、金属热处理、机械加工、金属腐蚀与防护的典型工艺方法;第三部分介绍基本工艺可能产生的常见缺陷,使读者意识到影响有效无损检测方法选择的诸多因素。

本系列丛书全面、系统地体现了无损检测人员的资格鉴定的《无损检测人员资格鉴定与认证考试大纲》要求,包括对无损检测3级人员的培训内容,并注重体现3级人员所要求的深度和广度,强调实际应用;同时体现了金属和非金属材料及工艺的特色。

全书按照对3级人员的要求编写,其他相关技术人员也可参考使用。本书可作为无损检测方法3级人员材料与工艺的综合知识教材,也可作为1级、2级人员学习资料。本丛书参考了国内同类教材和培训资料,编写过程中得到许多国内同行专家的指导和支持,谨此致谢。编写组对有关参考文献的作者,以及热情关心、支持和指导本教材编写的领导、专家和朋友们表示衷心感谢。

无损检测技术涉及的基础科学知识及应用领域十分广泛,而且计算机、电子、信息等新技术在无损检测中的应用发展迅速,因此教材编写难度较大。

由于编者经验和水平有限,加之时间仓促,本书中的错误和不妥之处在所难免,希望有关专家、同行和广大读者批评指正。

冶金无损检测人员技术资格鉴定委员会

2024 年 3 月

前　言

　　《无损检测基础知识——材料与加工工艺》是冶金无损检测人员技术资格鉴定委员会(依据 ISO/IEC 17024《人员认证机构通用要求》和 ISO 9712《无损检测——人员资格鉴定与认证》)为了进行无损检测人员培训和水平评价工作而组织编写的系列培训教材中的一本。它适用各行业 3 级无损检测人员的技术培训与教学,可作为 1 级、2 级人员的辅助学习材料。

　　无损检测作为一项专门技术,近几十年在各个行业应用的范围越来越广,3 级无损检测人员作为企业技术和质量的最终把关者至关重要,故对 3 级人员材料和加工工艺方面的技术知识有特殊的要求。

　　本书按照《冶金无损检测人员资格鉴定培训与考试大纲》的要求编写。同时,遵循各行业 3 级无损检测人员培训的特点,力求实用。

　　本书由张建卫担任主编,参编单位有:钢研纳克检测技术股份有限公司、南京迪威尔高端制造股份有限公司、天津钢管制造有限公司、北京科技大学、中石油西安管材研究所、上海金艺检测技术有限公司、洛阳 LYC 轴承有限公司、河钢集团石家庄钢铁有限责任公司、鞍钢集团钢铁研究院、上海珉瑞教育科技有限公司、张家港广大特材股份有限公司、安徽工业大学、汉隆创元新材料(武汉)有限公司、江苏裕隆特种金属材料科技有限公司、湖州盛特隆金属制品有限公司、北京新联铁集团股份有限公司等。

　　在编写本书的过程中,作者引用和参考了某些著作和文献中的部分内容,在此谨向这些文献的作者表示真诚的谢意。

本书的编写得到了钢铁研究总院李继康教授的细心审核。还有许多同志为本书付出了辛勤的劳动，在此一并致以深深的谢意。

编写一部几十万字的培训教材是一项繁复的工作。它既要满足培训 3 级人员技术水平的要求，又要适合各行业一般无损检测从业人员的接受能力。我们知道要做到这一点是有一定难度的，加之编者自身水平有限，书中难免存在些许不足甚至错误，在这里恳请各位专家、同行予以批评和指正。

张建卫

2023 年 1 月于北京

目　　录

第 1 章 金属材料知识

金属材料是指以金属元素为基,具有光泽、延展性、容易导电、传热等性质的材料,金属材料包括纯金属及其合金。合金是以某一金属元素为基,添加一种以上金属元素或非金属元素,经冶炼和加工而成的材料,如碳素钢、低合金钢和合金钢、高温合金、钛合金、铝合金、镁合金等。纯金属很少直接应用,因此金属材料绝大多数是以合金的形式出现。

金属材料一般分为黑色金属和有色金属两种。黑色金属包括铁、铬、锰等,其中钢铁是基本的结构材料,称为"工业的骨骼"。由于科学技术的进步,各种新型化学材料和新型非金属材料的广泛应用,钢铁的代用品不断增多,人们对钢铁的需求量相对下降,但钢铁在工业原材料中的主导地位还是难以取代的。

1.1 金属学初步知识

金属是指具有良好的导电性和导热性、有一定的强度和韧性并具有特殊金属光泽的物质。金属材料是由金属元素或以金属元素为主,其他金属或非金属元素为辅构成的,并具有金属特性的工程材料,它包括纯金属和合金。

金属学是指研究金属和合金的成分、组织、性能之间的关系及其变化规律的科学。金属学的主要内容可以概括为以下四个方面:

(1)结晶规律。所有金属和合金,无论是液态结晶、固态转变,还是再结晶,都遵循先产生晶核、再由晶核长大,生核和长大同时并进这个规律。一般来说,金属和合金的晶粒愈细,则力学性能愈好。

(2)合金化规律。该规律由相图具体表达。相图呈现出各合金系在缓慢冷却和加热时,合金内部组织随成分和温度而变化的规律。从相组成看,所有合金都是由固溶体和化合物或它们的混合物所组成的。组成合金的相不同,相结构不同,则合金的性能也就不同。

(3)热处理规律。利用相图具有固态转变的特性,使内部组织随着不同的加热和冷却条件而变化的规律。采取的热处理形式不同,得到的合金组织也不同,则合金的性能也就不同。

(4)塑性变形与冷作硬化规律。塑性变形使金属和合金的组织结构发生变化,从而使性能发生明显的变化。随着塑性变形程度的增加,金属和合金的强度和硬度随之提高,而塑性下降。这一规律对于不能用热处理强化的金属材料具有重要意义。

1.1.1 金属材料及其结构

金属材料是指具有光泽、延展性,容易导电、传热等性质的材料。一般分为黑色金属和有色金属两种。黑色金属包括铁、铬、锰等,其中钢铁是基本的结构材料,称为"工业的骨骼"。由于科学技术的进步,各种新型化学材料和新型非金属材料的广泛应用,使钢铁的代用品不断增多,对钢铁的需求量相对下降。但迄今为止,钢铁在工业原材料构成中的主导地位还是难以取代的。合金是指一种金属与另一种或几种金属或非金属经过混合熔化,冷却凝固后得到的具有金属性质的固体产物。

无论是金属还是合金,它们的性能在很大程度上取决于其结构,即原子之间的组合和空间中原子的构型。本节主要介绍纯金属以及合金的结构知识。

1. 纯金属的结构

(1)金属结合

当大量金属原子聚集在一起形成固体时,其中的大部分或全部原子会贡献出自己的价电子。这些价电子为全体原子所共有,而不像离子键或共价键中的电子,只为某个或某两个原子专有或共有。共有价电子在金属正离子之间自由运动,好像一种气体充满其间,形成所谓电子气,金属正离子沉浸其中。金属正离子与电子气之间产生强烈的静电吸引力,使金属原子相互结合起来。这种性质的结合称为金属结合,金属结合又称金属键。由金属键结合起来的晶体称为金属晶体,由于电子气呈球对称,所以金属键没有方向性和饱和性,如图 1-1 所示为金属结合的示意模型。

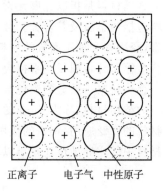

正离子　　电子气　中性原子

图 1-1　金属结合的示意模型

根据金属键的本质,可以解释固态金属的一些特性。例如金属中的自由电子在外加电场力的作用下,能够沿着电场方向做定向加速运动。例如金属中的自由电子在外加电场力的作用下,能够沿着电场方向作定向加速运动,使金属表现出良好的导电性。金属正离子的振动和自由电子的运动都能传递热能,故金属的导电性能比非金属的好。温度升高时,金属正离子(原子)的振动加剧,与自由电子的碰撞概率加大,对自由电子运动的阻碍作用增强,故而金属具有正的电阻温度系数,即温度升高电阻增加。对许多金属在极低温度下由于自由电子之间结合成两个电子自旋相反的电子对,不易遭受散射,所以导电性趋向于无穷大,产生超导现象。金属中的自由电子能吸收并随后辐射出大部分投射到金属表面的光能,所以金属不透明且具有金属光泽。由于金属键没有方向性和饱和性,对原子也没有选择性,在受外力作用发生原子相对移动时,金属正离子仍处于电子气包围中,金属键不会受到破坏。因而金属能够经受变形而不断裂,即金属具有延展性。

(2)结晶学的基本知识

① 空间点阵、晶体、晶格与晶胞

空间点阵是一种表示晶体内部质点排列规律的几何图形,即为组成晶体的粒子(原子、离子或分子)在三维空间中形成有规律的某种对称排列。如果我们用点来代表组成晶体的粒子,这些点的总体就称为空间点阵。点阵中的各个点,称为阵点。用直线连接这些点,形成三维网格,如图 1-2 所示为空间点阵。点阵的重要特征是每个节点具有相同的周围环境,即空间点阵中任何节点与其相邻节点之间的关系与另一节点的关系完全相同。

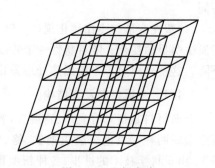

图 1-2　空间点阵

晶体是原子、离子或分子按照一定的周期性,在三维空间作有规律的周期性重复排列所形成的物质。晶体内部原子或分子在三维空间内的周期性结构,是晶体最基本的、最本质的特征。晶体和非晶体之所以不同,主要取决于它们的微观结构。组成晶体的单元是对称排列的,形成规则的空间点阵,组成点阵的各原子通过静电力相互作用。晶体中每个原子都处于能量最低状态,因此很稳定,宏观上就表现为形状固定,且不易改变。晶体内部原子有规律的排列,引起了晶体各向异性的物理性质。

为了形象地表示晶体中原子排列的规律,可以将原子简化成一个点,用假想的线将这些点连接起来,构成有明显规律性的空间格架。这种表示原子在晶体中排列规律的空间格架叫做晶格,又称晶架。

构成晶体的最基本的几何单元称为晶胞,其形状、大小与空间格子的平行六面体单位相同,保留了整个晶格的所有特征。晶胞是能完整反映晶体内部原子或离子在三维空间分布结构特征的平行六面体最小单元。

② 单胞、晶系、晶轴

可以在点阵中取出一个基本单元,在这个单元里点的排列代表了全部空间点阵的特征。这个单元称为单位点阵,或称单胞。整个点阵可看作是由大小、形状和位向相同的单胞组成,单胞的不同取法如图 1-3 所示。

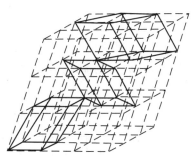

图 1-3　单胞的不同取法

单胞的大小和形状可用平行六面体的三个棱长 a、b、c 和棱间的夹角 α、β、γ 来决定(如图 1-4 所示)。14 种空间点阵依棱边长度关系和棱间夹角关系可归纳成 7 种结晶系。

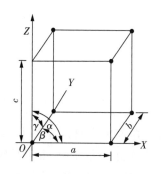

图 1-4　空间点阵的晶轴、
点阵常数和轴间夹角

为了说明空间点阵中点的分布,通常假设一组参考坐标轴放置在点阵中,坐标原点选择在任一结点上,坐标轴的方向相当于单位点阵棱边的方向。这组参考轴称为晶体轴,也叫晶轴。所有点阵都可以认为是单胞沿晶轴运动和重复的结果,如图 1-4 所示。

③ 晶体结构与晶体点阵

晶体结构即晶体的微观结构,是指晶体中实际质点(原子、离子或分子)的具体排列情况。自然界存在的固态物质可分为晶体和非晶体两大类,固态的金属与合金大都是晶体。晶体与非晶体的最本质差别在于组成晶体的原子、离子、分子等质点是规则排列的,而非晶体中这些质点除了与其最相近外,其余质点基本上无规则地堆积在一起。除此之外,晶体有各向异性,有固定的熔点;非晶体多数是各向同性,无固定的熔点。金属及合金在大多数情况下都以结晶状态使用。晶体结构是决定固态金属的物理、化学和力学性能的基本因素之一。

在实际晶体中,质点的分布虽然是有规则的,但又不是完全有规则的。首先,由于原子、分子并非固定不动,而是围绕着某个位置振动;此外,在晶体中存在着各种缺陷,这些缺陷破坏了排列的完整性。同一种金属,由于结晶和加工过程的不同,其内部原子排列的完整程度有所不同,因此它们的晶体结构有差别。

晶体点阵是晶体粒子所在位置的点在空间的排列。相应地在外形上表现为一定形状的几何多面体,这是它的宏观特性。同一种晶体的外形不完全一样,但却有共同的特点。各相应晶面间的夹角恒定不变,这条规律称为晶面角守恒定律,它是晶体学中重要的定律之一,是鉴别各种矿石的依据。晶体点阵与晶体结构不同,是一个点的绝对规则分布的阵列,这些点代表着原子振动的中心。

④ 晶面和晶向

晶体在自发生长过程中可发育出由不同取向的平面所组成的多面体外形,这些多面体外形中的平面称为晶面。晶体的一个基本特点是具有方向性,沿晶格的不同方向晶体性质不同。同一个格点可以形成方向不同的晶列,每一个晶列定义了一个方向,称为晶向。简单地说,晶向就是通过晶体中原子中心的不同方向的原子列。显然,在不同的晶面和晶向上,原子的排列可能有很大的差别,因此,晶体在不同的晶面和晶向上会显示出不同的性质,即各向异性。晶面基本上是光滑平整的平面;但仔细观察时,常可见凹凸而表现出具有规则形状的各种晶面花纹。晶面实质上就是晶格的最外层面网。

(3)常用金属的晶体结构

在金属中常见的晶体点阵类型有体心立方、面心立方和密排六方,如图1-5所示。

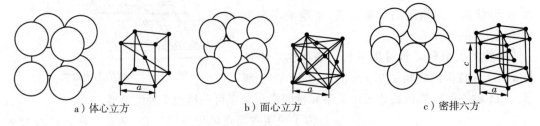

a)体心立方   b)面心立方   c)密排六方

图1-5 晶体点阵类型

① 体心立方:α-铁、β-钛等。

② 面心立方:γ-铁、β-钴、镍、铝、铜等。

③ 密排六方:α-钛、α-钴、钛、镁。

(4)晶体缺陷

晶体缺陷是指晶体内部结构完整性受到破坏的所在位置。在理想完整的晶体中,原子按一定的次序严格地处在空间有规则的、周期性的格点上。但在实际的晶体中,由于晶体形成条件、原子的热运动及其他条件的影响,原子的排列不可能那样完整和规则,往往存在偏离了理想晶体结构的区域。这些与完整周期性点阵结构的偏离就是晶体中的缺陷,它破坏了晶体的对称性。

根据错乱排列的展布范围,分为点缺陷、线缺陷和面缺陷三大类。

① 点缺陷:点缺陷是最简单的晶体缺陷,它是在结点上或邻近的微观区域内偏离晶体结构的正常排列的一种缺陷。点缺陷是发生在晶体中一个或几个晶格常数范围内,其特征是在三维方向上的尺寸都很小。例如空位、间隙原子、杂质原子等,都是点缺陷,也可称零维缺陷。点缺陷可分为四类:点阵空位、间隙原子、代位原子和复合点缺陷。

② 线缺陷:线缺陷是指二维尺度很小而第三维尺度很大的缺陷,其特征是两个方向尺寸很小,另外一个方向上的尺寸延伸较长,也称一维缺陷。其集中表现形式是位错,由晶体

中原子平面的错动引起。位错从几何结构角度可分为两种：刃型位错和螺型位错。位错对金属的范性形变、强度、疲劳、蠕变、扩散、相变及其他结构敏感性的性质，都起着重要的作用。

③ 面缺陷：面缺陷是指一块晶体常常被一些界面分隔成许多较小的畴区，畴区内具有较高的原子排列完整性，畴区之间的界面附近存在着较严重的原子错排。这种发生于整个界面上的广延缺陷被称作面缺陷。即在工程材料学中，面缺陷是指二维尺度很大而第三维尺度很小的缺陷。例如晶体表面、晶界、亚结构边界、堆积层错等皆为面缺陷地带。

2. 合金的结构

一种金属元素与另一种或几种其他元素，通过熔化或其他方法结合在一起所形成的具有金属特性的物质叫做合金。组成合金的独立的、最基本的单元叫做组元。合金中具有同一化学成分、同一聚集状态并以界面相互分开的各个均匀的组成部分称为相，两相之间的界面称为相界。研究金属与合金中相和组织的形成、变化及其对性能之影响的实验科学称为金相学。

对于大多数合金来说，在熔融状态下，组成合金的各个元素能够互相完全地溶解，并形成均一的液相。在液态下元素完全互溶的合金在凝固以后，从合金的相的组成来看，可以出现以下几种情况：合金是单相的固溶体；合金是两种固溶体的混合物；合金由固溶体加金属化合物组成；合金呈单相的金属化合物。

合金中组成相的结构和性质对合金的性能起决定性作用。同时，合金组织的变化即合金中相的相对数量、各相的晶粒大小、形状和分布的变化，对合金的性能也产生很大的影响。

（1）固溶体

固溶体是指溶质原子溶入溶剂晶格中而仍保持溶剂类型的合金相。这种相称为固溶体，这种组元称为溶剂，其他的组元即为溶质。工业上所使用的金属材料，绝大部分是以固溶体为基体的，有的甚至完全由固溶体所组成。按溶质原子在溶剂点阵中的位置，可分为置换式固溶体和间隙式固溶体（图 1-6）。在合金系统中，固溶体的晶体结构与溶剂金属相同，但发生点阵常数的变化和点阵的畸变（图 1-7、图 1-8），这种变化是合金固溶强化的重要因素。

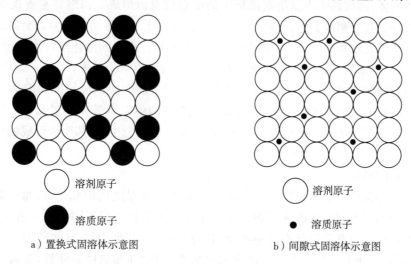

○　溶剂原子　　　　　　　　　　　　　○　溶剂原子

●　溶质原子　　　　　　　　　　　　　·　溶质原子

a）置换式固溶体示意图　　　　　　　　b）间隙式固溶体示意图

图 1-6　固溶体的两种类型

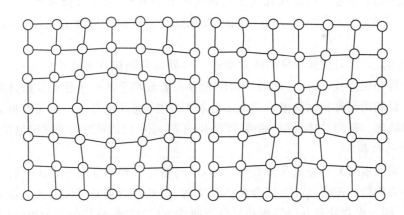

图 1-7　形成置换式固溶体时结晶点阵的畸变

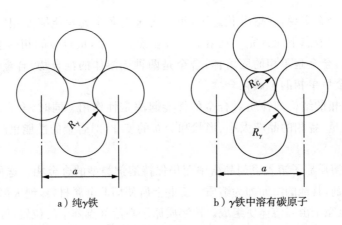

a）纯γ铁　　　　　　b）γ铁中溶有碳原子

图 1-8　由于碳原子溶入 γ 铁而引起的铁原子间距的变化

置换固溶体：溶质原子占据溶剂晶格中的结点位置而形成的固溶体称置换固溶体。当溶剂和溶质原子直径相差不大，一般在 15% 以内时，易于形成置换固溶体。金属元素彼此之间一般都能形成置换固溶体，但溶解度视不同元素而异。影响固溶体溶解度的因素有很多，主要取决于：晶体结构、原子尺寸、化学亲和力（电负性）、原子价因素。

间隙固溶体：溶质原子分布于溶剂晶格间隙而形成的固溶体称间隙固溶体。间隙固溶体的溶剂是直径较大的过渡族金属，而溶质是直径很小的碳、氢等非金属元素。其形成条件是溶质原子与溶剂原子直径之比必须小于 0.59，如铁碳合金中，铁和碳所形成的固溶体——铁素体和奥氏体，皆为间隙固溶体。

（2）金属化合物

金属化合物是指合金中的两个元素，按一定的原子数量之比相互化合，而形成的具有与这两元素完全不同类型晶格的化合物。金属化合物的晶格类型不同于任一组元，一般具有复杂的晶格结构。通常它们具有高的硬度、熔点和脆性，因此，不能直接使用。当合金中出现金属化合物时，通常能提高合金的硬度和耐磨性，但塑性和韧性会降低，金属化合物是许多合金的重要组成相。

当形成合金的元素其电子层结构、原子半径和晶体类型相差较大时,易形成金属化合物(又称金属互化物)。金属化合物的晶体类型不同于它的分组金属,自成新相。金属化合物合金的结构类型丰富多样,有 20000 种以上,不胜枚举,有的结构可找到离子晶体或共价晶体的相关型,有的则是独特的结构类型,例如 NaTl 晶胞是 CsCl 晶胞的 8 倍超构,$CaCu_5$ 是层状结构,Nb_3Sn 结构是重要的合金超导体,同型化合物 Nb_3Ge 实用于高分辨核磁共振仪,$MoAl_{12}$ 具有复杂配位结构。

金属化合物的种类很多,其晶格类型有简单的也有复杂的,根据化合物结构的特点,可以分为以下三类:

① 正常价化合物:正常价化合物的组元之间的结合服从原子价规律,它们的成分可以用分子式表达,通常有 AB、AB_2(或 A_2B)、A_3B_2 等类型。

② 电子化合物:电子化合物是一类具有相同电子浓度的特殊的金属间化合物。该类相通常在具有相近原子尺寸和电负性的贵金属间形成,如铜、锌、金、银等 B 族金属,电子浓度对该类金属间化合物的形成和稳定起到了最主要的作用。

③ 间隙化合物:间隙化合物指由过渡族金属元素与碳、氮、氢、硼等原子半径较小的非金属元素形成的金属化合物。

1.1.2　金属及合金的相图

在实际工业中,广泛使用的不是单组元材料,而是由二元及以上组元组成的多元系合金材料。多组元的加入,使材料的凝固过程和凝固产物趋于复杂,这为材料性能的多变性及其选择提供了契机。在多元系中,二元系是最基本的,也是目前研究最充分的体系。合金的结晶过程较为复杂,通常运用合金相图来分析合金的结晶过程。

1. 相图

表示在一定条件(温度、压强、浓度)下金属或合金呈现相应相的图,称为相图。由于所示相通常处于平衡状态(当外部条件保持不变时,该状态不随时间变化),因此相图也称平衡图。在外界条件相同时,相图给出不同组成的合金所呈现的相的平衡状态。只表示一定状态(而不是严格的平衡态)下所呈现的相的图,则称状态图。

根据相图,可判断合金系中存在的各种相及其组成,了解各相随温度、成分的变化等。在生产中,相图可作为制订合金铸造、加工及热处理工艺的重要依据或参考。如果我们进一步了解相变过程的特点,就可以了解合金的微观结构,预测合金的性能,并根据要求制备新的合金。

根据平衡系统中的组元数,可将相图分成单元、二元和多元三类,其中以二元和三元相图应用最多。

2. 铁碳相图

碳钢和铸铁是现代工业生产中应用最广泛的金属材料,主要由铁和碳两种元素组成的合金。

铁碳相图是研究铁碳合金在加热和冷却时的结晶过程和组织转变的图解。熟悉和掌握铁碳平衡图是研究钢铁的铸造、锻造和热处理的重要依据之一。

图 1-9 为 $Fe-Fe_3C$ 相图(铁碳相图的富铁部分),图中各特征点、特征线及各种相的特性分别见表 1-1、表 1-2、表 1-3。

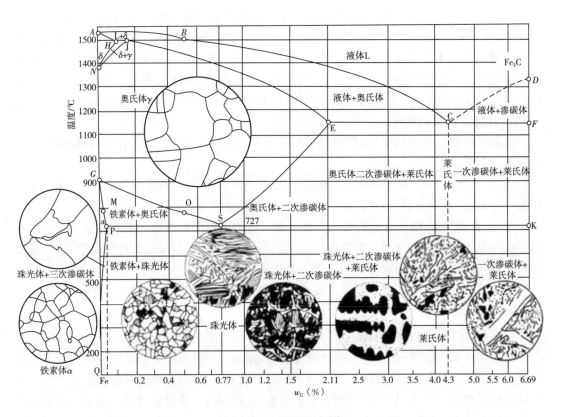

图 1-9　Fe-Fe₃C 相图

表 1-1　铁碳相图中的特征点

特征点	温度/℃	$w(c)(\%)$	说明
A	1538	0	纯铁熔点
B	1495	0.53	包晶转变时,液态合金的碳浓度
C	1148	4.30	共晶点 $Lc \rightarrow \gamma_E + Fe_3C$
D	1227	6.69	渗碳体(FeC)的熔点(理论计算值)
E	1148	2.11	碳在 γ 相中最大溶解度
F	1148	6.69	共晶转变线与渗碳体成分线的交点
G	912	0	$\alpha - Fe \rightarrow \gamma - Fe$ 同素异构转变点(A_3)
H	1495	0.09	碳在 δ 相中的最大溶解度
J	1495	0.17	包晶点 $L_B + \delta_H \rightarrow \gamma_J$
K	727	6.69	共析转变线与渗碳体成分线的交点
M	770	0	α 相磁性转变点(A_2)
N	1394	0	$\alpha - Fe \rightarrow \gamma - Fe$ 同素异构转变点(A_4)
O	770	≈0.50	α 相磁性转变点(A_2)

（续表）

特征点	温度/℃	$w(c)(\%)$	说明
P	727	0.0218	碳在 α 相中的最大溶解度碳
Q	≈600	≈0.005	α 相中的溶解度
S	727	0.77	共析点 $\gamma_s \rightarrow \alpha_p + Fe_3C$

表 1-2　铁碳相图中的特性线

特性线	说明	特性线	说明
AB	δ 相的液相线	ES	碳在 γ 相中的溶解度线,过共析 Fe-C 合金的上临界点(Acm)
BC	γ 相的液相线		
CD	Fe_3C 相的液相线	PQ	低于 A_1 时,碳在 α 相中的溶解度线
AH	δ 相的固相线	HJB	$\gamma_J \rightarrow L_B + \delta_H$ 包晶转变线
JE	γ 相的固相线	ECF	$L_C \rightarrow \gamma_E + Fe_3C$ 共晶转变线
HN	碳在 δ 相中的溶解度线	MO	α-铁磁性转变线(A_2)
JN	($\delta+\gamma$)相区与 γ 相区分界线	PSK	$\gamma_s \rightarrow \alpha_p + Fe_3C$ 共析反应线,Fe-C 合金的下临界点
GP	高于 A_1 时,碳在 α 相中的溶解度线		
GOS	亚共析 Fe-C 合金的上临界点(A_3)	230 ℃线	Fe_3C 的磁性转变线(A_0)

　　铁碳相图显示了不同成分的铁碳合金在不同温度下的平衡状态和微观结构,并解释了钢在极慢加热和冷却过程中的相变、相变产物、成分和相变产物的相对数量。它是研究平衡状态下钢的成分、组织和性能之间关系的基础。图 1-10 表示室温下各种铁碳合金的平衡组织组成物、相对量及性能。当钢中含碳量不同时,得到的典型组织如图 1-11(a)所示。

　　铁碳相图是在热力学平衡状态下的相图,在实际条件下很难达到。在实际热处理的加热和冷却条件下,相变都会发生过热和过冷现象,使临界温度偏离平衡临界温度。为了便于识别,用 Ac 和 Ar 分别表示加热和冷却时临界温度,如图 1-11(b)所示。热处理常用的临界温度符号及其说明见表 1-4。

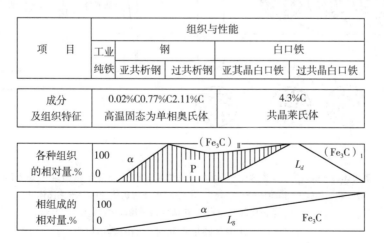

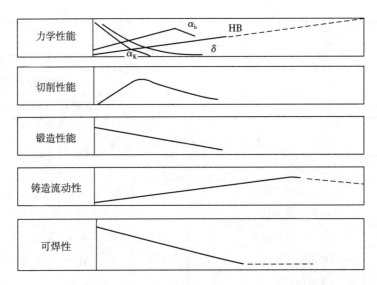

(Fe₃C)ᵢ:一次渗碳体　(Fe₃C)ₐ:二次渗碳体　P:珠光体　Lₐ:莱氏体　HB:硬度

图 1-10　铁碳合金成分、组织、性能关系示意图

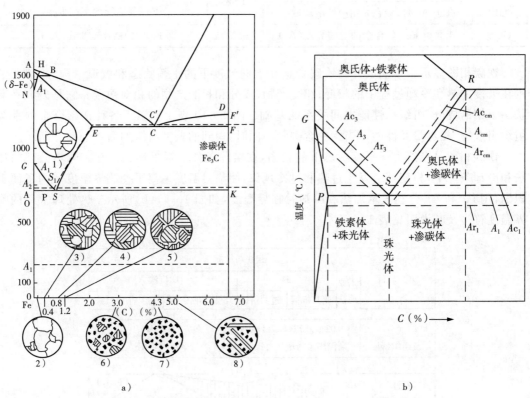

1)—奥氏体(γ—Fe);2)—铁素体(α—Fe);3)—铁素体(α—Fe)+珠光体(P);4)—珠光体(P);

5)—珠光体(P)+渗碳体(Fe₃C);6)—珠光体(P)+渗碳体(Fe₃C)+莱氏体(Lₐ);

7)—莱氏体(Lₐ);8)—莱氏体(Lₐ)+渗碳体(Fe₃C)

图 1-11　铁中含碳量不同时得到的典型组织

表 1-3　铁碳相图中各相的特性

名称	符号	晶体结构	说明
铁素体	α	体心立方	碳在 α-Fe 中的间隙固溶体,用 F 表示
奥氏体	γ	面心立方	碳在 γ-Fe 中的间隙固溶体,用 A 表示
δ铁素体	δ	体心立方	碳在 δ-Fe 中的间隙固溶体,又称高温 α 相
渗碳体	Fe_3C	正交系	是一种复杂的化合物
液相	L		铁碳合金的液相

表 1-4　热处理常用的临界温度符号及说明

符号	说明
A_0	渗碳体的磁性转变点
A_1	在平衡状态下,奥氏体、铁素体、渗碳体或碳化物共存的温度即一般所说的下临界点,也可写为 Ac_1
A_0	亚共析钢在平衡状态下,奥氏体与铁素体共存的最高温度,即亚共析钢的上临界点,也可写为 Ac_3
A_{cm}	过共析钢在平衡状态下,奥氏体与渗碳体或碳化物共存的最高温度,即过共析钢的上临界点,也可写为 Ac_{cm}
A_4	在平衡状态下,δ 相与奥氏体共存的最低温度,也可写为 Ac_4
Ac_1	钢加热,开始形成奥氏体的温度
Ac_3	亚共析钢加热时,所有铁素体均转变为奥氏体的温度
Ac_{cm}	过共析钢加热时,所有渗碳体和碳化物完全溶入奥氏体的温度
Ac_4	低碳亚共析钢加热时,奥氏体开始转变为 δ 相的温度
Ar_1	钢高温奥氏体化后冷却时,奥氏体分解为铁素体和珠光体的温度
Ar_3	亚共析钢高温奥氏体化后冷却时,铁素体开始析出的温度
Ar_{cm}	过共析钢高温奥氏体化后冷却时,渗碳体和碳化物开始析出的温度
Ar_4	钢在高温下形成的 δ 相冷却时,完全转变为奥氏体的温度
A_F	钢奥氏体化后冷却时,奥氏体开始分解为贝氏体的温度
A_F	钢奥氏体化后冷却时,其中奥氏体开始转变为马氏体的温度
A_S	奥氏体转变为马氏体的终了温度

综合以上知识,我们可以看到铁碳相图对于制定热加工工艺是必不可少的,一般的热加工工艺包含如下几个方面:

铸造加工:根据铁碳平衡图的液相线,可以确定不同成分的铁碳合金的熔化和浇注温度。从图1-9可以看出,接近共晶成分的铁碳合金不仅熔点低,而且凝固温度范围小,因此具有良好的铸造性能。铸钢的铸造温度远高于铸铁,结晶温度范围也较大,因此其铸造性能比铸铁差。

塑性加工:奥氏体强度低,塑性好,有利于塑性变形。因此,当钢材轧制或锻造时,应将其加热至奥氏体状态。通常,初始锻造(轧制)温度控制在固相线以下 100～200 ℃ 范围内,而最终锻造(轧制)温度控制略高于亚共析钢的 GS 线,略高于过共析钢的 PSK 线。

焊接加工:化学成分对铁碳合金的焊接性能有很大影响,低碳钢具有良好的焊接性。碳含量越高,焊接性能越差。在焊接过程中,从焊缝到母材的各个区域的加热温度不同。根据铁碳相图,不同的加热温度会得到不同的结构,冷却后可能会出现不同的结构和性能。因此,对于焊接性能较差的金属,应在焊接前后采取适当的措施,以改善焊缝结构。

热处理:铁碳相图是钢铁热处理工艺的科学依据。根据对工件材料性能的不同要求,参照铁碳相图选择各种热处理的加热温度。

铁碳相图在材料选择中也起着重要作用,如图 1 - 10 所示,低碳钢具有良好的塑性和韧性。适用于成型性好的型材、板材、线材和钢管,用于制造桥梁、船舶和建筑结构。共析成分附近的钢具有最高的强度和弹性极限,可以用作结构零件和弹簧。过共析钢具有最高的硬度,可以制造高强度、高硬度和耐磨性的各种刀具。白口铸铁可用于铸造无冲击的耐磨零件,以及可锻铸铁的坯料。

3. 二元合金——纯金属冷却曲线

冷却曲线指将不同变形条件下的金属材料以不同的冷却速度冷却时相变开始和完成的时间和温度关系记录下来的温度-时间曲线。冷却曲线显示了材料无变形时的相变点与存在变形时的相变点。动态相变点可以在热模拟机上利用相变时体积有变化的原理测出曲线无应变在材料热加工时伴随有温度的变化,而变形对相变的产生是有影响的。因此,在这种动态过程中所记录下的温度-时间的关系曲线,随变形过程的连续进行而有所变化,故称为冷却曲线。

冷却曲线是热分析法绘制凝聚体系相图的重要依据。冷却曲线上的平台和转折点表征某一温度下发生相变的信息,二元凝聚体系相图可根据冷却曲线来绘制。冷却过程发生相变,相变过程消耗热量但不会导致温度降低,如图 1 - 12 所示。

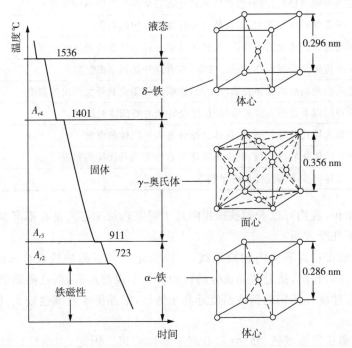

图 1 - 12　冷却发生相变过程

（1）替代固溶合金冷却曲线

替代固溶合金的两种成分（不管是固态还是液态）完全相溶，其显微结构均匀就像纯金属一样，替代固溶合金冷却曲线如图 1-13 所示。

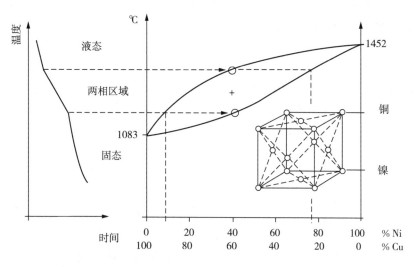

图 1-13　替代固溶合金冷却曲线

在这类曲线上，一般标明相变发生的条件与材料的名称；利用这类曲线，可通过控制变形量、温度及冷却速度来获取所需材料的组织与性能。在极端的加热与冷却速度下，或者在有变形同时存在的条件下，材料发生相变时的温度和时间，称为动态相变点。借助专门设备，可获得一般情况下用常规方法难以测得的极端条件下的相变。

（2）间隙固溶合金冷却曲线

间隙固溶合金冷却曲线具有两个相变转换，其动态相变点的含义为：在高速加热或冷却速度下可以得到常规加热或冷却速度下难以得到的组织。图 1-14 给出了在间隙固溶合金铋镉在不同加热温度下的连续加热曲线。随着变形的进行，相变点也有所变化，原因在于材料内部的变形能、结构的界面能、表面能等发生了变化所致。图中共晶点的凝固温度比纯金属低，其微观结构是两相的非常细晶粒结构。

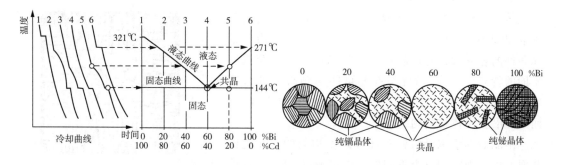

图 1-14　间隙固溶合金冷却曲线

1.1.3　金属及合金的结晶

金属结晶是指由晶核核心形成和晶核长大两个基本过程组成的,即金属是从液态冷却转变为固态的过程,是原子从不规则排列的状态过渡到原子规则排列晶体状态的过程。纯金属在结晶过程中只有一个液相和一个固相,而合金在结晶过程中,在不同的温度范围内会存有不同数量的相,且各相的成分有时也会变化。

1. 小体积结晶过程

小体积结晶易于实现均匀冷却,是最简单的结晶过程。

通常液态金属在熔点以下开始结晶,冷却速度越快,实际结晶温度越低,过冷度越大。理论结晶温度和实际结晶温度的差值称为过冷度。过冷是结晶的条件,实际结晶温度总是低于理论结晶温度的,这种现象称为过冷现象。

当液体具有一定的过冷度时,可以进行结晶。结晶的基本过程是形核和随后的核长大(图1-15)。

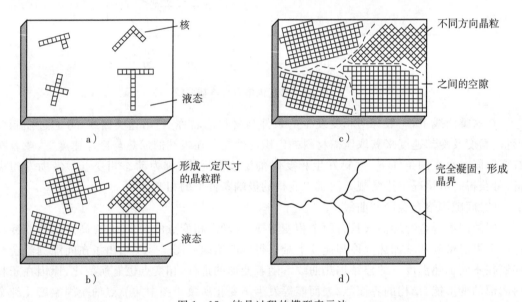

图1-15　结晶过程的模型表示法

2. 大体积结晶过程

铸锭的结晶是大体积结晶的例子,铸锭结晶的基本规律和小体积结晶的基本规律是一致的。但由于结晶条件的差异,结晶过程更复杂,且结晶后的组织具有不同的特点。首先,铸锭结晶不可能达到很大的过冷度。其次,结晶是由模壁开始,逐渐发展到中心部位,而不是沿整个体积均匀结晶。

结晶后的组织沿铸锭各部分是不均匀的。在铸锭截面上可以观察到三个不同的组织区域(图1-16):最外面的一层是铸锭的薄的外壳层,它由细小的等轴晶粒组成;和这外壳层相连的是一层相当厚的柱状晶区

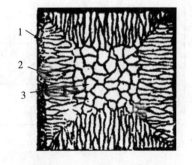

1—细等轴晶;2—柱状晶;3—粗大等轴晶
图1-16　铸锭结构示意图

域,它由垂直于模壁的粗大的伸长的晶粒组成;而中心部分,则由粗大的等轴晶粒所构成。这三个区域的大小随结晶条件而变。铸锭愈大,不均匀性愈显著。这种不均匀性对铸锭的压力加工性能及其他性能具有重大影响。

1.1.4　金属及合金变形、回复和再结晶

金属材料在冶炼浇铸后,绝大多数需要经过加工变形才能成为型材或工件。加工和变形会引起金属和合金组织的重大变化。经过变形的金属和合金大多数要进行退火,而退火又会使其组织和性质发生与形变相反的变化,这个过程叫回复和再结晶。变形、回复和再结晶这些过程相互影响,并与生产紧密联系。

1. 变形

金属和合金的加工方法有很多,如锻造、轧制、拉拔、冲压等,但就其基本过程而言,是金属和合金在外力作用下形状和尺寸的变化,通常称为变形。变形可分为三类:弹性变形、塑性变形和断裂。如图 1-17 所示。

(1)弹性变形

物体受外力作用时,就会产生变形,如果将外力去除后,物体能够完全恢复它原来的形状和尺寸,这种变形称为弹性变形。金属中的弹性变形是以改变原子间的距离来实现的。外力与弹性变形之间

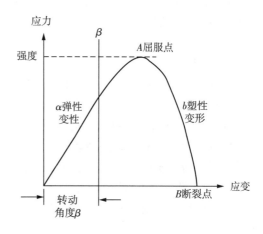

图 1-17　变形关系图

的关系是用胡克定律来描述的。胡克定律可叙述为:物体受外力作用而产生变形时,在弹性限度以内,应力与应变成正比。在受单向拉伸的情况下,$\sigma = E\varepsilon$,其中,ε 表示相对伸长;σ 表示正应力;E 为弹性模量或称杨氏模量。在受单纯切变的情况下,$\tau = G\gamma$,其中,τ 表示切应力;γ 表示切应变;G 为切变模量。

(2)塑性变形

材料在外力作用下产生形变,而在外力去除后,弹性变形部分消失,不能恢复而保留下来的那部分变形即为塑性变形。塑性变形可归结为:滑移、孪生、不对称的变形、扩散以及晶界的滑动和移动等五种基本过程,其中滑移和孪生是最基本的。

(3)金属的断裂

金属断裂的材料在外力作用下,破断成为两个或几个部分,称为完全断裂,简称断裂。

根据材料断裂前所产生的宏观塑性变形量大小来确定断裂类型,可分为韧性断裂与脆性断裂。

韧性断裂的特征是断裂前发生明显的宏观塑性变形,用肉眼或低倍显微镜观察时,断口呈暗灰色纤维状,有大量塑性变形的痕迹。脆性断裂则相反,断裂前从宏观来看无明显塑性变形积累,断口平齐而发亮,常呈放射花样。

当多晶体金属断裂时,根据裂纹扩展所走的路径,又分为穿晶断裂和沿晶断裂。穿晶断裂的特点是裂纹穿过晶内。沿晶断裂则是裂纹沿晶界扩展。穿晶断裂可能是韧性的,也可能是脆性的;而沿晶断裂多是脆性断裂。

从材料本身来看,断裂的可能原因包括:金属或合金的组织不均匀,且存在许多缺陷。因此,必然会存在一些最脆弱的面,裂纹在此发生并扩展;裂纹可能发生在多晶体的晶界处,这取决于晶界的特性;多晶变形的应力分布非常复杂,在高应力区会出现裂纹;当试样表面或内部有缺口时,会引起应力集中,容易产生裂纹;试样中的残余应力会促进裂纹的产生。

2. 回复

回复是指冷塑性变形后的金属在加热温度不高时发生组织及性能变化的过程,其加热温度一般为金属熔点的 $1/4 \sim 1/3$。在回复过程中,金属原子短距离扩散,使位错密度有所降低,晶格畸变减少,但变形的晶粒形状和大小不变,纤维组织仍然存在。回复使金属的强度和硬度略有下降,塑性略有升高,内应力显著降低,电阻降低。回复是一个缓慢而连续的过程。

3. 再结晶

经塑性变形的金属和合金,当加热到某一温度以上时,金属和合金组织重新形核并长大,性能也发生剧烈变化,这个变化过程称为再结晶。开始进行再结晶的温度称为再结晶温度,以 $T_{再}$ 表示。再结晶的组织结构与经过变形的组织的区别是:再结晶消除了点阵畸变、改变了晶粒的相对位向和材料的性能。

动态再结晶:随着变形量的增加,位错密度继续增加,内部储存能也继续增加。当变形量达到一定程度时,将使奥氏体发生另一种转变。动态再结晶的发生与发展,使更多的位错消失,奥氏体的变形抗力下降,直到奥氏体全部发生了动态再结晶,应力达到了稳定值。

静态再结晶:金属在热加工后,由于形变使晶粒内部存在形变储存能,使系统处于不稳定的高能状态。因此在变形随后的等温保持过程中,以变形储存能为驱动力,通过热活化过程再结晶成核和长大而再生成新的晶粒组织。使系统由高能状态转变为较稳定的低能状态,这个自发的过程就是静态再结晶。

1.1.5 金属及合金的固态转变

金属和合金中的固态转变可归纳为以下基本类型:多型性转变、过饱和固溶体的分解(沉淀)、共析分解、包析转变、单析转变、化合物的分解与转化等。

在这些不同的转变形式中,前六种基本上是各种类型的晶体结构变化——新相的形成和转变。当这种变化发生时,必然引起微观结构的变化。其中一些转变,如包析转变及单析转变等,直到目前尚未发现其工业意义;而其余的转变,则是通常在工业中用作各种热处理的基础,并用于改善金属材料的性能。

1. 多型性转变

多型性转变又称同素异构转变、同素异晶转变或同位异构转变。指一种元素或化合物随温度和压力的不同而发生的结构类型转变。当发生多型性转变时,由于不同晶体结构的致密度和配位数等不同,将伴随有体积变化和电阻、热膨胀系数等物理参量的突变。多型性转变所对应的温度点称为临界点。与液体结晶相类似,新的结构类型的形成也是以形核和长大的方式进行。

固态中的多型性转变具有较大的过冷倾向。最常见的是铁的多型性转变。在 912 ℃ 由 $\alpha - Fe(bcc)$ 转变为 $\gamma - Fe(fcc)$,而在 1394 ℃ 则由 $\gamma - Fe$ 转变为 $\delta - Fe(bcc)$。除铁外,如 Mn、

Ti、Sn、C、Ca、Ce、Pr 等也具有多型性转变的特征。另外,一些化合物如 SiO_2、BN、TiO_2 等也具有该特征。通常,具有同素异构特性的元素,在低温态大多具有密排结构(hcp 或 fcc),而在高温态则大多具有 bcc 结构,只有少数情况例外,如 Sn 等。固态下元素所表现的多型性,主要与该类原子的电子层结构的变化有关。即在不同温度或压力下,通过参与键合的外层电子分布状态的改变,而引起原子间结合能以致点阵形式发生改变。多型性转变是金属材料热处理的依据之一。图 1-18 为恒温下纯铁的多型性转变随时间的演变示意图。

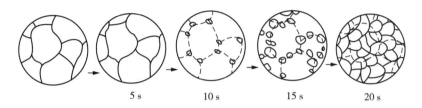

图 1-18　在恒温下纯铁的多型性转变随时间的演变

2. 过饱和固溶体的分解

过饱和固溶体是指在既定温度下溶解溶质的数量大于该温度下处于平衡状态时溶解度的固溶体,是一种处于亚稳定状态的固溶体。它是固溶体在过饱和状态析出新相的过程,新相析出后,原固溶体仍然存在,只是它的成分由过饱和状态变为饱和状态,或近似饱和;可用下式表述:过饱和的 $\alpha \rightarrow$ 饱和的 $\alpha + \beta$。

根据具体的合金系统,析出相可能是:与原固溶体结构相同,只是成分不同的固溶体;结构与母相相异的固溶体;化合物。

3. 固溶体的共析转变

共析转变,即两种或以上的固相(新相),从同一固相(母相)中一起析出而发生的相变,称为共析转变,有时也称共析反应。该转变是指具有共析成分的单一母相在一定条件下分解生成两个或多个结构与成分不同的新相的过程。它是一种典型的扩散型相变,是由一种固相转变成两种或以上固相的固—固转变。合金的共析转变,是热处理依赖的重要相变之一。

1.1.6　金属材料的性能

金属及合金在工业上有着广泛的应用。根据不同的用途和工作条件,对金属材料有不同的性能要求。金属材料的性能主要包括使用性能和工艺性能。使用性能包括物理性能、化学性能、机械性能等。

1. 物理性能

物理性能是金属材料的热、电、声、光、磁等物理特征的量度。例如金属材料的密度、熔点、比热、热膨胀、磁性、导电性、导热性以及有关光的折射、反射等性质均属物理性能的范围。金属材料的物理性能取决于各组成相的成分、原子结构、键合状态、组织结构特征及晶体缺陷特性等因素。

2. 化学性能

化学性能是指反映材料与各种化学试剂发生化学反应的可能性和反应速度大小的相关参数,化学性能包括耐蚀性和化学兼容性等。

3. 力学性能

(1)强度

强度是指在外力作用下,材料或结构抵抗破坏(永久变形和断裂)的能力。以光滑拉伸试样为例,在渐增载荷作用下,材料的典型应力-应变曲线如图1-19所示。反映金属材料强度的性能指标有屈服强度、抗拉强度、比例极限、弹性极限等。

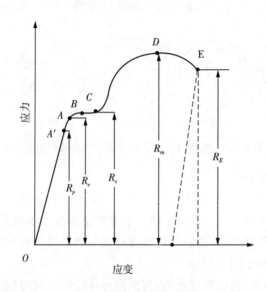

图1-19　金属材料的典型拉伸应力-应变曲线

① 屈服强度(Re_H,Re_L,$R_p0.2$):材料开始产生屈服现象时所对应的外加应力,用R_e表示。屈服是指材料在外应力不再增加的情况下,塑性变形继续显著增加的现象。

由于大多数金属材料没有明显的屈服点,国家标准中规定,永久残余塑性变形等于一定值(一般为原长度的0.2%)时的应力为条件屈服强度,用$R_p0.2$表示。

Re_H点是上屈服强度,Re_L点是下屈服强度,Re_L也可称为屈服极限。当应力到达Re_H时,钢材抵抗外力能力下降,发生"屈服"现象。

② 抗拉强度R_m:金属由均匀塑性形变向局部集中塑性变形过渡的临界值,也是金属在静拉伸条件下的最大承载能力。抗拉强度即表征材料最大均匀塑性变形的抗力。

③ 比例极限(R_p):材料在受载过程中,应力与应变保持正比关系(服从胡克定律)时的最大应力。生产中有许多在弹性状态下工作的零件,要求应力与应变间有严格的线性关系,如炮筒和测定载荷、位移传感器中的弹性组件等,就要根据比例极限来设计。

④ 弹性极限(R_E):在弹性变形阶段,金属材料所承受的应力和应变保持正比的最大应力。

⑤ 屈服点(R_s):在拉伸过程中,试件所受载荷不再增加,甚至还有下降,而变形继续增加,这一现象称为材料的屈服。出现这一现象时所对应的应力称为材料的物理屈服点。工程上,对无明显屈服现象的材料,常测定条件屈服点(又称屈服强度),即试样上产生的残余变形等于某个规定值(如为0.1%~0.5%,常用0.2%)时的应力值,用而$R_p0.1$、$R_p0.2$等表示。屈服强度是设计承受静载机件或构件的主要依据。

（2）塑性

对物体施加外力,当外力较小时物体发生弹性形变,当外力超过某一数值,物体产生不可恢复的形变,这就叫塑性形变。塑性即物体变形的能力。塑性通常用光滑试样拉伸条件下的伸长率 $A(\%)$ 和断面收缩率 $Z(\%)$ 来衡量:

$$A=\frac{l_1-l_0}{l_0}\times100\%$$

$$Z=\frac{F_0-F_1}{F_0}\times100\%$$

式中,l_0、l_1——试样断裂前、后的计算长度;F_0、F_1——试样断裂前、后的计算长度。

在技术意义上,材料具有一定的塑性,可以使工件受载时通过局部发生的塑性变形而使应力重新分布,从而减少应力集中的程度,减少金属脆断的倾向。说明:

① 断面收缩率是用来表示金属材料抵抗局部塑性变形能力的指标,用断面收缩率表示塑性比伸长率更接近真实变形。

② 直径 d_0 相同时,l_0 上升,A 下降。只有当 l_0/d_0 为常数时,塑性值才有可比性。当 $l_0=10d_0$ 时,伸长率用 A_{10} 表示;当 $l_0=5d_0$ 时,伸长率用 A_5 表示。显然 $A_5>A_{10}$。

③ $A>Z$ 时,无颈缩,为脆性材料表征;$A<Z$ 时,有颈缩,为塑性材料表征。

（3）韧性

韧性是指材料在外力作用下,断裂前所吸收能量的大小(包括外力所作的变形功和断裂功);韧性是材料强度和塑性的综合表现,通常用冲击韧度或断裂韧度的指标来衡量。韧性愈低,则表明材料产生脆性破坏的倾向性愈大。当加载方式、加载速度、试验温度以及试样形状不同时,材料的韧性也会发生相应的变化。

图 1-20　拉伸试样的
缩颈现象

① 冲击韧度:冲击韧度是材料抵抗冲击载荷的能力,单位为 J/cm^2。冲击韧度一般用一次摆锤冲击试验来测定,是摆锤冲断试样所作的冲击吸收功 A_k 与试样横截面积 S 的比值,即是材料的冲击韧度值。

应力强度因子:反映裂纹尖端弹性应力场强弱的物理量称为应力强度因子。它和裂纹尺寸、构件几何特征以及载荷有关。应力在裂纹尖端有奇异性,而应力强度因子在裂纹尖端为有限值。

$$K_i=Y\sigma\sqrt{a}$$

式中,K_i——裂纹尖端的应力强度因子;$i=Ⅰ,Ⅱ,Ⅲ$ 表示裂纹的三种扩展类型(图 1-21);σ——外加名义应力;a——零件中裂纹的尺寸;Y——形状因子。

② 断裂韧性:断裂韧性表征材料阻止裂纹扩展的能力,是度量材料的韧性好坏的一个定量指标。在加载速度和温度一定的条件下,对某种材料而言它是一个常数,它和裂纹本身的大小、形状及外加应力大小无关,是材料固有的特性,只与材料本身、热处理及加工工艺有

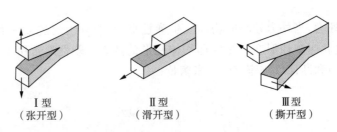

Ⅰ型   Ⅱ型   Ⅲ型
（张开型） （滑开型） （撕开型）

图 1-21　裂纹扩展的三种类型

关。当裂纹尺寸一定时,材料的断裂韧性值愈大,其裂纹失稳扩展所需的临界应力就愈大;当给定外力时,若材料的断裂韧性值愈高,其裂纹达到失稳扩展时的临界尺寸就愈大。它是应力强度因子的临界值,常用断裂前物体吸收的能量或外界对物体所作的功表示,例如应力-应变曲线下的面积。韧性材料因具有大的断裂伸长值,所以有较大的断裂韧性,而脆性材料一般断裂韧性较小。断裂韧性一般由如下两种方法计算得到:

a. 金属材料平面应变断裂韧度 K_{IC} 试验方法(GB/T 4161—2007):

$$K_{IC} = Y\sigma_C \sqrt{a_C}$$

式中,σ_C——断裂应力,a_C——临界裂纹长。

断裂判据是:当外加应力达到断裂应力时,应力强度因子 K 达到断裂时的临界值 K_C 在三种裂纹扩展类型中,材料对Ⅰ型裂纹的扩展抗力最低,引起材料脆性断裂的危险性最大,工程上一般通过 K_I 对构件进行安全设计。

在Ⅰ型裂纹(载荷方向垂直于裂纹面)的几何条件下,且试样完全符合平面应变状态条件时,其临界应力强度因子记为 K_{IC},称 K_{IC} 为平面应变断裂韧度。如果不加特别说明,则通常所说的材料断裂韧度就是指 K_{IC}。K_{IC} 反映材料阻止裂纹失稳扩展的能力,可由试验测出。

b. 金属材料延性断裂韧度 J_{IC} 试验方法(GB/T 2038—1991):

测定的 J_{IC} 值,与裂纹起始扩展时的 J 值接近,是材料启裂断裂韧度的工程估计值,可以转换成用应力强度因子 K_I 表示的当量值:

$$\left(J = \frac{1-v^2}{E}K_1^2\right)$$

只能在以弹性为主的条件下应用,不能用来评价金属材料裂纹扩展阻力的全过程。在裂纹顶端以线弹性应力场为主时,该 K_1 值对应于裂纹开始稳态扩展时的断裂韧度值。只适用于在试验温度下裂纹能够缓慢稳定扩展,塑韧性好的材料。不适用于尚未测得本方法规定的 $J-\Delta a$ 数据,即已产生快速断裂的材料和延性、韧性极高,抗撕裂能力极好的材料。因为这种材料很难把撕裂扩展与裂纹顶端大范围的钝化区分开。高温及低温 J_{IC} 试验,可参照本标准。

本方法只适用于准静态慢速加载,且不考虑环境对裂纹扩展阻力的影响。注:在准静态慢速加载下,大多数结构材料的 J_{IC} 值与加载速率无关,但在动态加载或持久应力与腐蚀环境共同作用下,将使 J_{IC} 值降低,故本方法测定的 J_{IC} 值在工程中应用时,要对服役条件做全面考虑。

（4）硬度

硬度是指材料抵抗其他物体刻划或压入其表面而变形的能力或抵抗破裂的能力。硬度与强度有一定的关系,可从硬度求得材料强度的近似值。硬度试验可分为两种基本类型:压入法和刻画法。在工程上,应用最多的是压入法硬度试验,其中又以静力压入法为主,常用的有布氏硬度(HB)、洛氏硬度(HR)、维氏硬度(HV)三种,还有用于测定各种组成相硬度的显微硬度(HM)。

（5）蠕变

蠕变是指金属在恒定温度和恒定载荷(或恒定应力)作用下,随着时间的延长缓慢地发生塑性变形的现象。它与塑性变形不同,塑性变形通常在应力超过弹性极限之后才出现,而蠕变只要应力的作用时间相当长,它在应力小于弹性极限施加的力时也能出现。许多材料(如金属、塑料、岩石和冰)在一定条件下都表现出蠕变的性质。由于蠕变,使得材料在某瞬时的应力状态,一般不仅与该瞬时的变形有关,而且与该瞬时以前的变形过程有关。许多工程问题都涉及蠕变。在维持恒定变形的材料中,应力会随时间的增长而减小,这种现象为应力松弛,它可理解为一种广义的蠕变。蠕变变形与应力、温度、时间有关。

金属的蠕变性能对于发动机转动部件有着重要意义,如涡轮发动机的涡轮盘及叶片,若材料选择或设计不当,由于蠕变过量,就会使叶片端部和机匣的间隙不合适而发生过大的磨损而损坏。

（6）持久强度

持久强度是指金属材料在恒定温度及恒定载荷(或恒定应力)作用下,与时间有关的抗断裂能力。

金属的持久强度极限指试样在一定温度和固定拉伸载荷下,在规定的持续时间内,引起断裂的最大应力。可用不同形状和尺寸的光滑试样及缺口试样,按照规定的方法来测定。

发动机高温部件所用材料的持久强度和持久塑性(持久伸长率和断面收缩率)是评定零件使用寿命的一项基本性能,是设计、选材的重要依据。

（7）疲劳抗力

材料在交变应力(应变)作用下,由某些薄弱环节处开始,逐渐发生局部的永久性的微观变化,进而在足够的应力循环次数后,产生裂纹并发展到完全断裂的过程称为疲劳。此过程一般可归纳为疲劳裂纹的形成、扩展和断裂三个阶段。

材料疲劳性能的优劣可用疲劳极限和疲劳裂纹扩展速率来评价。

疲劳极限是材料在循环载荷作用下,承受近似无限次循环而不产生断裂的最大应力值。工程上常用条件疲劳极限(又称疲劳强度),即试样在循环载荷作用下,在规定的循环次数内(如 10^6、10^7、10^8 次等)不致产生断裂的最大应力,来评定材料的疲劳强度。

疲劳裂纹扩展速率 da/dn 是构件损伤容限设计的基础之一,可用 Paris 公式来表达,即:

$$\frac{da}{dn} = c(\Delta K)^m$$

式中,ΔK——裂纹尖端应力强度因子变量;c 和 m——材料常数。

武器装备和主导民用产品的许多构件都是在循环载荷下工作的,考虑疲劳性能尤为重要。

4. 工艺性能

工艺性能是指材料适应实际生产工艺要求的能力(即对材料使用某种加工方法或过程,以获得优质制品的可能性或难易程度),亦称为"加工性能"。如可铸造性、可锻造性、深冲性、弯曲性、切削性、可焊性、淬透性等。工艺性能往往由多种因素(物理的、化学的、力学的)的综合作用决定。

(1)可铸性

可铸性(又叫铸造性)指金属材料能用铸造的方法获得合格铸件的性能。金属材料的铸造性能主要由铸造时金属的流动性、收缩特性、热裂倾向性等来综合评定。

① 流动性:指金属液体本身的流动能力,即液态金属充填铸型的能力。通常用在规定铸造工艺条件下流动性试样的长度衡量。

② 收缩特性:指铸造合金从液态凝固、冷却到室温过程中产生体积和尺寸缩减的特性。通常与合金成分及温度变化有关。对铸件而言,还与零件外形、铸件阻力有关。

③ 热裂倾向性:铸件产生热裂缺陷的难易程度。凝固温度范围宽的合金及壁厚相差悬殊、有粗大热节、不利于铸件自由收缩、易产生应力集中的铸件结构具有较大的热裂倾向性。铸件工艺设计不当,浇注温度过高,铸型对铸件收缩阻力大等,都会增大铸件的热裂倾向性。

(2)可锻性

金属的可锻性(又叫锻造性)是衡量材料在经受压力加工时获得优质制品的难易程度。金属的可锻性好,表明该金属适合于采用压力加工成型;可锻性差,表明该金属不适宜选用压力加工方法成型。

可锻性常用金属的塑形和变形抗力来综合衡量,塑性越好,变形抗力越小,则金属的可锻性好,反之则差。金属的塑性用金属的断面收缩率、伸长率等来表示。变形抗力是指在压力加工过程中变形金属作用于施压工具表面单位面积上的压力变形抗力越小,则变形中所消耗的能量也越小。金属的可锻性主要取决于金属的本质和加工条件金属的本质。影响可锻性的因素除材料本身外,与变形条件(如变形应力状态、变形速度等)也有很大关系。

(3)可焊性

可焊性(或焊接性能)是指金属能否用通常的焊接方法和工艺进行焊接,焊接性好的金属能用通常的焊接方法和工艺进行焊接;焊接性差的金属则不能用通常的焊接方法和工艺进行焊接,而必须用特定的焊接方法和工艺进行焊接。

焊接金属时,在焊接(缝)处附近形成热影响区,在热影响区内,由于焊接加热和冷却,使金属内部发生变化,冷却时可能使金属产生裂纹。从这个意义上讲,所谓焊接性能是指金属焊接时是否容易产生裂纹,容易产生裂纹的,则焊接性能差。

钢的化学成分对焊接性能影响很大。钢的含碳量低,焊接性能好,故焊接后使用的钢材的,含碳量一般在0.17%以下;含碳量高,焊接冷却后易产生硬化,钢的脆性增加会产生裂纹。钢中含锰量<1.6%时,焊接性能较好;含锰量>1.6%时,焊接性能差。钢中磷、硫含量高容易产生脆裂,影响焊接性能。

焊接性好的材料,对焊接工艺的适应性较强,可采用多种焊接方法、简单的工艺和较宽的规范而获得优质接头;产生冷、热裂纹的倾向性较小;对气孔、夹渣等焊接缺陷的形成不敏感;接头内金相组织变化、物理化学特性符合技术条件;接头力学性能、断裂特性以及焊接应力与变形的控制能满足结构使用要求。材料的可焊性用试验方法评定。

(4)可切削性

可切削性(或切削加工性能)是指金属接受切削加工的能力,也就是将金属切削加工成合乎要求的工件的难易程度。这不仅与金属本身的化学成分、机械性能等有关,而且与切削工艺(如刀具几何形状、耐用度、切削速度以及进刀量等)有关。影响切削加工性能的因素虽较多,但最主要的是金属本身的性质,特别是硬度,当金属硬度为 HB150~230 时,切削加工性能最好。

1.2　钢

钢是对含碳量质量百分比介于 0.02% 至 2.11% 之间的铁碳合金的统称。钢的化学成分可以有很大变化,其中含有少量锰、磷、硅、硫等元素,含碳量低于 1.7% 的钢称为碳素钢;在实际生产中,钢往往根据用途的不同含有不同的合金元素,如:锰、镍、钒等。

人类对钢的应用和研究历史相当悠久,但是直到 19 世纪贝氏炼钢法发明之前,钢的制取都是一项高成本低效率的工作。如今,钢以其低廉的价格、可靠的性能成为世界上使用最多的材料之一,是建筑业、制造业和人们日常生活中不可或缺的成分。可以说钢是现代社会的物质基础。

本节介绍了非合金钢、低合金钢和合金钢的定义及具体分类。

1.2.1　非合金钢

非合金钢指碳含量一般为 $w(C)=0.02\%\sim1.35\%$,并有硅、锰、硫、磷及其他残余元素的铁碳合金,习惯上称为碳素钢,简称碳钢。一般来说,碳钢中的硅 $w(Si)$ 小于 0.50%,锰 $w(Mn)$ 小于 1.00%,硫 $w(S)$ 小于 0.055%,磷 $w(P)$ 小于 0.045%;有时还含有少量的镍、镉、铜等合金元素。

碳钢一般由转炉和平炉冶炼,由电炉冶炼的不多。少数碳钢浇铸成铸件使用,绝大多数碳钢浇铸成钢锭或连轧坯,经轧制成钢板、钢管、钢带、钢条和各种断面形状的型钢。碳钢一般在热轧状态下直接使用。用于制造工具和各种机器零件时则需根据使用要求进行热处理,至于铸钢件,绝大多数都要进行热处理。

碳钢广泛应用于建筑、桥梁、铁道车辆、汽车、船舶、机械制造、化工和石油等工业部门,它们还可制作切削工具、模具、量具和轻工民用产品。

1. 非合金钢分类

(1)按质量等级分类

① 普通质量非合金钢:普通质量非合金钢是指在生产过程中不需要特殊质量控制,同时应满足规定条件的所有钢种。规定的条件包括:钢材为非合金钢;热处理如退火、正火、消除应力和软化处理不作为热处理等。普通质量非合金钢主要包括通用碳素结构钢、碳素钢筋、铁路通用碳素钢和通用钢板型钢。

② 优质非合金钢:优质非合金钢是指除普通优质非合金钢和特殊优质非合金钢以外的非合金钢,但在生产过程中需要进行特殊的质量控制,如控制晶粒尺寸、降低硫和磷含量、改善表面质量或增加过程控制等,以满足一般质量非合金钢的特殊质量要求,如良好的抗脆性

断裂性、良好的冷成形性等。这种钢的生产控制不像特殊质量的非合金钢那样严格。优质非合金钢主要包括机械结构、工程结构、锅炉压力容器、造船等用碳钢。

③ 特殊质量非合金钢：特殊质量非合金钢是指在生产过程中需要严格控制质量和性能，同时满足一定条件的非合金钢。特种优质非合金钢包括确保淬透性的非合金钢、确保厚度方向性能的非合金钢、铁路专用非合金钢、航空和武器专用非合金结构钢、核能用非合金钢、碳弹簧钢等。

（2）按碳含量分类

① 低碳钢：$w(C)<0.25\%$的碳素钢。因其强度低、硬度低而软，又称软钢。它包括大部分普通碳素结构钢和一部分优质碳素结构钢，大多不经热处理用于工程结构件，有的经渗碳和其他热处理用于要求耐磨的机械零件。低碳钢退火组织为铁素体和少量珠光体，其强度和硬度较低，塑性和韧性较好。因此，其冷成形性良好，可采用卷边、折弯、冲压等方法进行冷成形。这种钢还具有良好的焊接性。含碳量为0.10%至0.30%的低碳钢易于接受各种加工如锻造，焊接和切削，常用于制造链条，铆钉，螺栓，轴等。

② 中碳钢：$0.25\%\leqslant w(C)\leqslant0.60\%$的碳素钢。它包括大部分优质碳素结构钢和一部分普通碳素结构钢。中碳钢热加工及切削性能良好，焊接性能较差。强度、硬度比低碳钢高，而塑性和韧性低于低碳钢。可不经热处理，直接使用热轧材、冷拉材，亦可经热处理后使用。淬火、回火后的中碳钢具有良好的综合力学性能。能够达到的最高硬度约为HRC55（HB538）。所以，在中等强度水平的各种用途中，中碳钢得到最广泛的应用，除作为建筑材料外，还大量用于制造各种机械零件。

③ 高碳钢：$0.60\%<w(C)\leqslant1.35\%$的碳素钢。它包括碳素工具钢和一部分碳素结构钢。高碳钢在经适当热处理或冷拔硬化后，具有高的强度和硬度、高的弹性极限和疲劳极限，切削性能尚可，但焊接性能和冷塑性变形能力差。由于含碳量高，水淬时容易产生裂纹，所以多采用双液淬火，小截面零件多采用油淬。这类钢一般在淬火后经中温回火或正火或在表面淬火状态下使用。主要用于制造弹簧和耐磨零件。

2. 碳钢常用钢号表示方法

根据国标GB/T 221—2008《钢铁产品牌号表示方法》，碳钢常用钢号表示方法见表1-5。

表1-5　中国常用碳素钢钢号表示方法举例

类别		钢号举例	简要说明
碳素结构钢	优质	10～60	以两位阿拉伯数字表示钢中平均含碳量的万分数，如10号钢中$w(C)=0.10\%$
	高级优质	10A～60A	在牌号后加符号"A"，如平均含碳量$w(C)=0.20\%$的高级优质碳素结构钢，其牌号表示为"20A"
	特级优质	10E～60E	在牌号后加符号"E"，如平均含碳量$w(C)=0.45\%$的高级优质碳素结构钢，其牌号表示为"45E"
	专用	Q345R Q420q	用代表钢屈服点的符号"Q"、屈服点数值和代表产品用途的符号表示，如Q345R表示压力容器用钢，屈服点为345 MPa；Q420q表示桥梁用钢，屈服点为420 MPa。

（续表）

类别		钢号举例	简要说明
碳素工具钢	普通锰量	T7～T12	在表示工具钢符号"T"后，以一位阿拉伯数字表示钢中平均含碳量的千分数，如平均含碳量 $w(c)=0.9\%$ 的碳素工具钢的牌号为 T9
	较高锰量	T8Mn	较高含锰量碳素工具钢，在工具钢符号"T"和阿拉伯数字后加锰元素符号，如平均含碳量 $w(C)=0.8\%$、含锰量 $w(Mn)=0.4\%～0.6\%$ 的碳素工具钢的牌号表示为 T8Mn
	高级优质	T10A	在牌号尾部加符号"A"，如平均含碳量 $w(C)=1.0\%$ 的碳素工具钢的牌号表示为 T10A
优质碳素弹簧钢		65	表示方法同优质碳素结构钢

1.2.2　低合金钢和合金钢

低合金钢是指合金元素总量小于 5% 的合金钢。低合金钢是相对于碳钢而言的，是在碳钢的基础上，为了改善钢的性能，而有意向钢中加入一种或几种合金元素。加入的合金量超过碳钢正常生产方法所具有的一般含量时，称这种钢为合金钢。当合金总量低于 5% 时称为低合金钢，普通合金钢一般在 3.5% 以下，合金含量在 5%～10% 之间称为中合金钢，大于 10% 的称为高合金钢。

低合金钢中最常用的合金元素为锰、硅、铬和镍。如果必须提高抗腐蚀性能，则向钢中添加铜。低合金钢的含镍量不超过 1%。这一元素对钢的增强不够显著，而对塑性及冲击韧性却有良好的影响，并且能提高钢的抗脆性破坏性能。镍的含量往往由于它的稀缺而受到限制。在多元合金化的情况下，铬能增加钢的强度，并对低温稳定性有良好的影响。在低合金钢的一般含量（≤0.9%）情况下铬对可焊性没有不良作用。低合金钢中通常加入 0.3% 的铜。在这种含量下，铜能改善耐腐蚀性能，并使强度性能有所提高。此外，这样的含铜量对钢的可焊性无不良作用，而且不会引起红脆现象。

1. 低合金钢和合金钢的分类

（1）按化学成分分类

国际标准按化学成分把钢分成两大类：非合金钢和合金钢。钢分类参照国际标准，结合国情，把钢分成三大类：非合金钢、低合金钢和合金钢。

（2）按质量等级分类

低合金钢按质量等级分成三类：普通质量低合金钢、优质低合金钢、特殊质量低合金钢；合金钢按质量等级分为两类：优质合金钢、特殊质量合金钢。

① 普通质量低合金钢：指不规定需要特别控制质量要求的供一般用途的低合金钢。主要包括一般用途低合金结构钢等。其抗拉强度≤690 MPa，屈服点≤360 MPa，伸长率≤26%。

② 优质低合金钢：指除普通质量低合金钢和特殊质量低合金钢以外的低合金钢。在生产过程中需要特别控制质量（例如降低硫、磷含量，控制晶粒度，改善表面质量，增加工艺控制等），以达到比普通质量低合金钢特殊的质量要求（例如良好的抗脆断性能、良好的冷成形性能等），但这种钢的生产控制和质量要求，不如特殊质量低合金钢严格。

③ 特殊质量低合金钢：指在生产过程中需要特别严格控制质量（特别是硫、磷等杂质含

量和纯洁度)和性能的低合金钢。主要包括核能用低合金钢、舰船与兵器用低合金钢等。其屈服点≥420 MPa;规定钢材进行无损检测和特殊质量控制要求。

④ 优质合金钢:指在生产过程中需要特别控制质量和性能,但其生产控制和质量要求不如特殊质量合金钢那么严格的合金钢。主要包括:一般工程结构用合金钢,铁道用合金钢,地质、石油钻探用合金钢,硅锰弹簧钢等。

⑤ 特殊质量合金钢:指在生产过程中需要特别严格控制质量和性能的合金钢。主要包括:压力容器用合金钢、合金结构钢、合金弹簧钢、不锈耐酸钢、高速工具钢、轴承钢等。

2. 低合金结构钢和合金结构钢

低合金结构钢和合金结构钢主要用来制造尺寸较大、应力较高的机械零件,如机床、汽车、拖拉机、飞机、火箭、导弹等的零部件。国防科技工业用的合金结构钢品种很多,例如,以航空、航天工业应用为主的超高强度钢,核工业应用的反应堆耐压壳体钢,兵器工业应用的常规武器用钢,船舶工业应用的潜艇钢和低合金船体钢。

低合金结构钢是指合金成分总量在5%以下的合金结构钢。这种钢的含碳量与低碳钢相似,主要靠少量合金元素进行强化、改善韧性和可焊性。例如合金元素锰、硅、钼可起固溶强化作用;钒和铌可细化晶粒、改善韧性;钼可以起到提高淬透性、促使获得贝氏体组织的作用,还可提高热强性。低合金结构钢的强度要比同等碳的碳素钢高得多,因此被广泛用于压力容器、化工设备、锅炉、桥梁、车辆、船舶及大型钢结构。

合金结构钢由于具有合适的淬透性,经适宜的金属热处理后,显微组织为均匀的索氏体、贝氏体或极细的珠光体。因而具有较高的抗拉强度和屈强比(一般在0.85左右),较高的韧性与疲劳强度和较低的韧性—脆性转变温度,可用于制造截面尺寸较大的机器零件。

合金结构钢一般分为调质结构钢和表面硬化结构钢。

① 调质结构钢:这类钢的含碳量一般为0.25%~0.55%,对于既定截面尺寸的结构件,在调质处理(淬火加回火)时,如果沿截面淬透,则力学性能良好;如果淬不透,显微组织中会出现自由铁素体,则韧性下降。对具有回火脆性倾向的钢如锰钢、铬钢、镍铬钢等,回火后应快冷。这类钢的淬火临界直径随晶粒度和合金元素含量的增加而增大,例如,40Cr和35SiMn钢为30 mm~40 mm,而40CrNiMo和30CrNi2MoV钢为60 mm~100 mm。

② 表面硬化结构钢:这类钢常用以制造表层坚硬耐磨而心部柔韧的零部件,如齿轮、轴等。为使零件心部韧性高,钢中含碳量应低,一般为0.12%~0.25%,同时还应含有适量的合金元素,以保证适宜的淬透性。

3. 不锈钢

不锈钢是指铬含量 $w(Cr)$ 大于12%,具有不锈性和耐酸腐蚀性的铁基合金。通常对在大气、水蒸气和淡水等腐蚀性较弱的环境中不锈和耐腐蚀的钢种称不锈钢;在酸、碱、盐等浸蚀性强烈的介质中耐腐蚀的钢种称耐酸钢。二者合金成分上的差异,导致了耐蚀性的不同。前者合金化程度低,一般不耐酸;后者合金化程度高,既具有不锈性,又具有耐酸性。习惯上将不锈耐酸钢简称为不锈钢。

不锈钢种类繁多,特性各异,但按其组织可分为:奥氏体不锈钢、铁素体不锈钢、双相不锈钢、马氏体不锈钢等。

(1)奥氏体不锈钢

当钢中含 Cr 约18%、Ni 为8%~10%、C 约0.1%时,具有稳定的奥氏体组织。奥氏体铬镍不锈钢包括著名的"18－8"钢和在此基础上增加 Cr、Ni 含量并加入 Mo、Cu、Si、Nb、Ti 等元素发展起来的高 Cr－Ni 系钢。奥氏体组织的钢是无磁性而且具有高韧性和塑性,但强度较低,而且不能通过相变使之强化,仅能通过冷加工进行强化。如果把 S、Ca、Se、Te 等元素加入钢中,则具有良好的易切削性。此类钢除耐氧化性酸介质腐蚀外,还能耐硫酸、磷酸以及甲酸、醋酸、尿素等的腐蚀。

（2）铁素体不锈钢

以铬为主要合金元素,含 Cr12％～30％,C≤0.25％;有些钢种还含 Mo、Ti 等元素,如 1Cr17,1Cr25,0Cr18Mo2Ti 等,一般呈单相铁素体或半铁素体组织。由于此类钢是单相组织,没有相变,因而无法通过热处理使之强化。此类钢热导率较大而热胀系数较小,抗氧化性强,而且耐蚀性随钢中铬含量增加而提高,故多用于制造耐大气、蒸汽、水及氧化性酸和有机酸腐蚀的零部件和耐热部件。

（3）双相不锈钢

双相不锈钢的组织为奥氏体和铁素体混合组织。化学成分特点是在含 C 较低的情况下,含 Cr 量为 18％～28％,含 Ni 量为 3％～10％,有些牌号还含有 Mo、Cu、Si、Ti、Nb、N 等合金化元素。双相不锈钢的性能特点是兼有奥氏体和铁素体不锈钢的特性。与铁素体不锈钢相比较,双相不锈钢的塑、韧性更高,无室温脆性,其耐晶间腐蚀性能和焊接性能均显著提高;同时还保持有铁素体不锈钢的 475 ℃脆性和 σ 相脆性以及导热系数高,线膨胀系数小,具有超塑性等特点。与奥氏体不锈钢相比较,双相不锈钢的强度高且耐晶间腐蚀和耐氯化物应力腐蚀性能有明显提高。含有 Mo、N 等合金元素的双相不锈钢还具有优良的耐孔蚀性能。由于双相不锈钢含 Ni 量较低,因而它也是一种节镍不锈钢;主要用于化工、石油、原子能工业中作为结构材料使用,典型用途是制造各种换热设备。

（4）马氏体不锈钢

标准的马氏体不锈钢是:410、414、416、416(Se)、420、431、440A、440B 和 440C 型,有磁性;这些钢材的耐腐蚀性来自"铬",其范围是从 11.5％至 18％,铬含量愈高的钢材需碳含量愈高,以确保在热处理期间马氏体的形成,上述三种 440 型不锈钢很少被考虑做为需要焊接的应用,且 440 型成份的熔填金属不易取得。

标准马氏体钢材的改良,含有类如镍、钼、钒等的添加元素,主要是用于将标准钢材受限的容许工作温度提升至高于 1100 K,当添加这些元素时,碳含量也增加,随着碳含量的增加,在焊接物的硬化热影响区中避免龟裂的问题变成更严重。

通过热处理可以调整其力学性能的不锈钢,通俗地说,是一类可硬化的不锈钢。典型牌号为 Cr13 型,如 2Cr13、3Cr13、4Cr13 等。淬火后硬度较高,不同回火温度具有不同强韧性组合,主要用于蒸汽轮机叶片、餐具、外科手术器械。根据化学成分的差异,马氏体不锈钢可分为马氏体铬钢和马氏体铬镍钢两类。根据组织和强化机理的不同,还可分为马氏体不锈钢、马氏体和半奥氏体(或半马氏体)沉淀硬化不锈钢以及马氏体时效不锈钢等。

1.3　高温合金

高温合金是指以铁、镍、钴为基,能在 600 ℃以上的高温及一定应力作用下长期工作的一类金属材料。高温合金为单一奥氏体组织,在各种温度下具有良好的组织稳定性和使用可靠性。它不但有良好的高温耐氧化和耐腐蚀能力,而且有较高的高温强度、蠕变强度和持久性能以及良好的耐疲劳性能。它是现代航空发动机、航天器和火箭发动机以及舰艇和工业燃气轮机的关键热端部件材料(如涡轮叶片、导向器叶片、涡轮盘、燃烧室和机匣等),也是核反应堆、化工设备、煤转化技术等方面需要的重要高温结构材料,如图1-22所示为镍基高温合金盘类件。

高温合金的特点:

(1)具有高的热稳定性、热强性、高温蠕变性能;

(2)抗氧化、抗腐蚀、抗疲劳性能好;

(3)比强度高和弹性模量高,热膨胀系数小,导热性好;

(4)具有良好的加工工艺性能。

高温合金可按照成型工艺、合金元素和强化方式不同分类,在市场上的高温合金主要是以镍基元素为主的变形高温合金,如图1-22所示。

图1-22　镍基高温合金盘类件

1.3.1　高温合金的分类

常见的高温合金按材料成型方式分类,高温合金材料可分为:变形高温合金、铸造高温合金和粉末高温合金等。按基体元素分类,可分为:铁基高温合金、镍基高温合金和钴基高温合金。按合金强化类型分类,可分为:固溶强化高温合金、时效沉淀强化合金等。

具体种类及材料特性见表1-6所列。

表1-6　高温合金的分类

分类标准	种类	材料特性
基体元素	铁基高温合金	又称耐热合金钢,耐热合金钢按其正火要求可分为马氏体、奥氏体、珠光体、铁素体耐热钢等。使用温度较低(600~850 ℃),一般用于发动机中工作温度较低的部位,如涡轮盘、机匣和轴等零件
	镍基高温合金	使用温度最高(约1000 ℃),广泛用于制造航空喷气发动机、各种工业燃气轮机的最热端零件,如涡轮部分工作叶片、导向叶片、涡轮等
	钴基高温合金	使用温度约950 ℃,具有良好的铸造性和焊接性,主要用于做导向叶片材料,该合金由于钴资源较少而价格昂贵
制备工艺	变形高温合金	用量最大,需要先制备高温合金母合金,然后通过锻、轧和挤压等冷、热变形手段加工成材,合金化程度和高温强度较低
	铸造高温合金	使用温度和强度越高,合金化程度越高。这种情况下,传统热加工成形难度加大,加上部分零件结构复杂,需要采用精密铸造工艺制成零件
	粉末冶金高温合金	采用液态金属雾化或高能球磨机制粉,晶粒细小、成分和组织均匀,显著改善了热加工性能,难于变形的铸造高温合金可以通过粉末法改善其热塑性而成为变形高温合金
	金属间化合物高温合金	Ti-Al系金属间化合物密度低、比强度、比刚度高以及优良的高温性能是航空航天飞行棋最理想的新型高温结构材料

（续表）

分类标准	种类	材料特性
强化方式	固溶强化高温合金	具有优异抗氧化性,良好的塑性和成型性以及一定的高温强度,主要用于环境温度较高,承受应力较低的零件,如燃烧室和火焰筒等
	时效强化高温合金	具有较高的高温强度和蠕变强度以及良好的综合性能,主要用于承受高负荷,环境温度为高温、中温的零件,如涡轮叶片、涡轮盘等
	氧化物弥散强化高温合金	合金中弥散分布氧化物颗粒,具有高热稳定性,在 1000 ℃ 以上仍能保持较高的强度
	晶界强化高温合金	在合金中加入微量硼、铈、锆和镁等元素改善晶界状态以提高合金的抗蠕变能力

1.3.2　高温合金制备特点

与一般钢铁材料相比,高温合金的制备工艺包括冶炼、塑性加工、铸造、焊接和热处理等,均有其自身的特点。

1. 高温合金冶炼

高温合金冶炼是使组成高温合金材料的原材料熔融成合金的方法,大多采用二次重熔工艺,主要的二次重熔设备有电渣炉和真空自耗炉。

2. 高温合金铸造

高温合金铸造是使用精密铸造进行成型的工艺,主要生产工艺是真空冶炼和熔模精密铸造工艺。经真空冶炼母合金、真空铸造和热等静压处理的铸件,最佳性能可与同类变形高温合金相比拟。

3. 高温合金塑性加工

高温合金塑性加工是在外力作用下,使高温合金发生塑性变形,成为所需形状、尺寸和性能的工件,是高温合金材料制备工艺之一。塑性加工可分为热塑性加工和冷塑性加工。

高温合金热塑性加工的特点是:塑性较低;热加工温度范围较窄,一般为 200 ℃ 左右,有的甚至低到 70~80 ℃;高温下变形抗力较大,比普通碳素结构钢高 2~4 倍;再结晶温度低,变形过程中抗力增加,硬化较大,塑性降低,因而不利于高速变形。热塑性加工方式主要有 8 种:锻锤自由锻、压力机自由锻、挤压、热轧、模锻、细晶锻造、超塑性等温锻造和形变热处理。

高温合金冷塑性加工的特点是:变形抗力大,大部分不宜进行冷塑性加工,只有固溶强化型和少数时效强化型高温合金才可以进行冷塑性加工。加工方式主要有 5 种:冷轧薄板、冷轧和冷拔管材、拉拔棒材、拉拔丝材、冲压和拉深。

4. 高温合金焊接

高温合金材料可采用电弧焊、电阻焊、真空钎焊、扩散焊和摩擦焊等。高温合金熔焊时,要注意加强保护,防止合金元素氧化烧损;进行电子束焊和扩散焊时,必须在高真空和高精度装配的条件下进行。

5. 高温合金热处理

高温合金热处理是指利用高温合金材料随温度变化发生组织结构转变的特性,以改善并控制其物理、力学性能的工艺。高温合金的热处理方法有扩散退火、固溶处理、时效、中间处理和特殊热处理等。扩散退火(均匀化处理)的目的是使高温合金锭化学成分均匀,减少元素偏析。固溶处理的目的是控制晶粒度,将析出相溶入基体。时效的目的是使晶内析出细小弥散的强化相,同时也在晶界析出颗粒状的强化相。中间处理的主要作用是改变晶界析出相的类型、形态和数量,许多高温合金在固溶处理和时效处理之间加上一次或两次中间处理。特殊热处理包括弯曲晶界热处理、形变热处理和细化晶粒热处理。

1.4　轻金属

　　轻金属指相对密度小于 5 的金属,分为有色轻金属和稀有轻金属两类。有色轻金属有铝、镁、钙、钛、钾、锶、钡等,前 4 种在工业上多用作还原剂,铝、镁、钛及其合金相对密度较小,强度较高,抗蚀性较强,广泛用于飞机制造和宇航等工业部门。轻金属材料是航空航天飞行器的主要结构材料。

　　铝、镁及其合金具有许多优良的物理和化学性能,为重要的常用有色金属。碱土金属钙、锶、钡及碱金属钠、钾则通常以化合物的形式应用于化学等工业。此外,轻金属化学性质活泼,均是强还原剂,在冶金工业有重要的应用。

　　铝合金密度小、塑性好、耐腐蚀、易加工、价格低,因此就是航空航天工业的重要结构材料,至今仍被大量用于制造飞机机体和运载火箭箭体结构。钛合金比强度高、热强性好,它一开始就和在航空工业中的应用联系在一起,目前越来越多地被用于制造飞机机体和发动机中温度较高的部位,在航天工业中也有一定的应用。镁合金比铝合金和钛合金的密度更低,曾在航空和火箭上有较多的应用,但由于其耐腐蚀性较差和一些其他问题,目前在航空和航天工业中应用不多。在船舶、兵器和核能工业中,轻金属也得到较广泛的应用。

1.4.1　铝及铝合金

　　铝是一种金属元素,元素符号为 Al,原子序数为 13,其单质是一种银白色轻金属,有延展性。产品常制成棒状、片状、箔状、粉状、带状和丝状,在潮湿空气中能形成一层防止金属腐蚀的氧化膜。铝粉在空气中加热能猛烈燃烧,并发出炫目的白色火焰。铝易溶于稀硫酸、硝酸、盐酸、氢氧化钠和氢氧化钾溶液,难溶于水,相对密度为 2.70,熔点为 660 ℃,沸点为 2327 ℃。铝元素在地壳中的含量仅次于氧和硅,居第 3 位,是地壳中含量最丰富的金属元素。航空、建筑、汽车三大重要工业的发展,要求材料特性具有铝及其合金的独特性质,这就大大有利于这种新金属铝的生产和应用,应用极为广泛。

　　铝合金是指以铝为基加入其他元素组成的合金。它保持了纯铝的主要优点,又具有一些合金的具体特性。铝合金的密度为 $2.63 \sim 2.85$ g/cm³,强度范围较宽(110 MPa ～ 700 MPa),比强度接近合金钢,比刚度超过钢,具有良好的铸造性能和塑性加工性能,良好的导电、导热性能和耐腐蚀性,可焊接。作为结构材料,铝合金在航天、航空、兵器、船舶等国防工业中有着广泛的应用。

　　铝合金按其成分和生产工艺,一般分成变形铝合金和铸造铝合金两大类。变形铝合金是先将合金配料熔铸成坯锭,再进行塑性变形加工,通过轧制、挤压、拉伸、锻造等方法制成各种塑性加工制品。铸造铝合金是将配料熔炼后用砂模、铁模、熔模和压铸法等直接铸成各种零部件的毛坯。

1. 变形铝合金

变形铝合金是指适宜进行塑性成形的铝合金。又称"可压力加工铝合金"。是以轧制、挤压、锻造、拉丝等工艺制造各种形状和尺寸的半成品铝合金。其组织致密,成分性能均匀具有强度高、塑性好、比强度大、批质量稳定等特点,是优秀的轻型材料。

变形铝合金在飞机上用作蒙皮、框架、桁条、主梁、前梁、翼梁、起落架零件及导管、铆钉等;在航空发动机中用作叶片、叶轮、压气机盘、机匣和安装边;在附件里用作螺旋桨叶、作动筒零件、紧固件等;在航天上大量用作运载火箭箭体材料;在船舶、兵器和核能工业中,变形铝合金也有一定的应用。

变形铝及铝合金状态代号我国也已制定新的国家标准,新国家标准接近国际通用的状态代号命名方法。分为 5 级,见表 1-7。

表 1-7　变形铝及铝合金状态代号

代　号	名　称
F	自由加工状态
O	退火状态
H	加工硬化状态
W	固溶热处理状态
T	热处理状态(不同于 F、O、H 状态)

T 状态细分为 TX、TXX 及 TXXX,还有消除应力状态,常见的 TXX 状态见表 1-8。

表 1-8　常见的 TXX 状态

状态代号	说明与应用
T73	固溶及时效以达到规定的力学性能和抗应力腐蚀性能
T74	与 T73 状态定义相同,抗拉强度大于 T73,小于 T76
T76	与 T73 状态定义相同,抗拉强度大于 T73、T74,抗应力腐蚀性能低于 T73、T74,但其抗剥离腐蚀性能仍较好

2. 铸造铝合金

铸造铝合金是以熔融金属充填铸型,获得各种形状零件毛坯的铝合金。具有密度低、比强度较高,抗蚀性和铸造工艺性好,受零件结构设计限制小等优点。用于制造梁、燃汽轮叶片、泵体、挂架、轮毂和发动机的机匣等。还用于制造汽车的气缸盖、变速箱和活塞,仪器仪表的壳体和增压器泵体等零件,如图 1-23 所示为铸造铝合金。铸造铝合金分为 Al-Si 和 Al-Si-Mg-Cu 为基的中等强度合金;Al-Cu 为基的高强度合金;Al-Mg 为基的耐蚀合金;Al-Re 为基的热

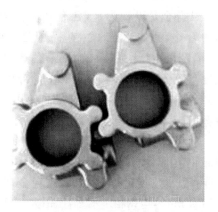

图 1-23　铸造铝合金

强合金。大多数需要进行热处理以达到强化合金、消除铸件内应力、稳定组织和零件尺寸等目的。

现代铸造铝合金按主要加入的元素可分为 4 个系列，即：铝硅系、铝铜系、铝镁系及铝锌系。对这 4 个系列，各国都有相应的合金和合金牌号的标记。中国采用 ZL＋3 位数字标记法，第一位数字表示合金系，其中：1 表示铝硅合金系，2 表示铝铜合金系，3 表示铝镁合金系，4 表示铝锌合金系，第二、第三位数字表示合金序号。根据合金的使用特性可分为：耐热铸造铝合金、气密铸造铝合金、耐蚀铸造铝合金和可焊铸造铝合金。

（1）耐热铸造铝合金

具有高的高温持久强度、抗蠕变性能和良好的组织热稳定性的铸造铝合金，如 ZL201 合金。

（2）气密铸造铝合金

能承受高压气体或液体作用而不渗漏的铸造铝合金，如 ZL102、ZL104、ZL105 等。用于制造高压阀门、泵壳体等零件和在高压介质中工作的部件。

（3）耐蚀铸造铝合金

用于制造在腐蚀条件下工作的零部件的铸造铝合金，兼有良好的耐蚀性和足够高的力学性能，如 ZL301 等，广泛用于船舶工业和内燃机的活塞。

（4）可焊接铸造铝合金

以焊接性能为主要指标的铸造铝合金，一般同时具有良好的气密性和强度，如 ZL101、ZL102、ZL103、ZL106、Z111 等，用于焊接结构。

1.4.2　钛及钛合金

钛的元素符号为 Ti，原子序数为 22，相对原子质量为 47.9。钛的熔点为 1690 ℃，同素异构转变点为 882 ℃。钛具有两种晶体结构：882 ℃以下为密排六方晶体结构（称 α 相），882 ℃以上为体心立方晶体结构（称 β 相）。钛密度小、比强度高、耐腐蚀，是一种很好的结构材料。钛包括钛单晶和工业纯钛。工业纯钛可制成板、棒、丝、管材和锻件、铸件等，图 1-24 为纯钛板示意图。

钛合金是以钛为基，含有其他合金元素和杂质的合金。钛合金的主要特点是：在 -253 ～ 600 ℃范围内，比强度（抗拉强度/密度）高，抗拉强度可达（1200～1400）MPa，而密度仅为钢的

图 1-24　纯钛板

60%；耐热性好，耐热钛合金最高使用温度已达 600 ℃；耐蚀性能优异，耐海水腐蚀性能可与白金相比；低温性能良好。

钛和钛合金大量用于航空工业，有"空间金属"之称；此外，在造船工业、化学工业、制造机械部件、电讯器材、硬质合金等方面有着广泛的应用。纯钛是银白色的金属，它具有许多优良性能。钛的密度比钢小 43%，比轻金属镁稍大一些。钛的强度大，纯钛抗拉强度最高可达 180 kg/mm²，与钢相差不多，比铝大 2 倍，比镁大 5 倍。钛耐高温，熔点为 1942 K，比黄金高近 1000 K，比钢高近 500 K。有些钢的强度高于钛合金，但钛合金的比强度（抗拉强度和密度之

比)却超过优质钢。钛合金有好的耐热强度、低温韧性和断裂韧性,故多用作飞机发动机零件和火箭、导弹结构件。钛合金还可作燃料和氧化剂的储箱以及高压容器,已有用钛合金制造自动步枪,迫击炮座板及无后坐力炮的发射管。在石油工业上主要作各种容器、反应器、热交换器、蒸馏塔、管道、泵和阀等。钛可用作电极和发电站的冷凝器以及环境污染控制装置,钛镍形状记忆合金在仪器仪表上已广泛应用。在医疗中,钛可用来制作人造骨头和各种器具。钛还是炼钢的脱氧剂和不锈钢以及合金钢的组元,钛白粉是颜料和油漆的良好原料,碳化钛、氢化钛是新型硬质合金材料。氮化钛颜色近于黄金,在装饰方面应用广泛。

2. 变形钛合金和铸造钛合金

(1)变形钛合金

是指可进行压力加工的钛合金。能制成半成品,如板、棒、丝、带、箔、管、型材、锻件或锻坯等,是目前普遍应用的钛合金。其组织类型有 α 型、α＋β 型和 β 型。

我国变形钛合金的牌号有 20 多个。钛合金牌号由字母 T 和 A 或 B 或 C 及数字组成,其中的 T 代表钛,A、B、C 分别代表 α 型、β 型和 α＋β 型合金,数字为合金顺序号,如 TA7、TB2、TC4 等。大部分变形钛合金(如 TA7、TC4、TC9 等)具有较好的铸造性能,均可用于铸造,多用真空凝壳炉和石墨型熔铸,使用温度一般为 300～400 ℃。

(2)铸造钛合金

铸造钛合金是指能浇铸成一定形状铸件的钛合金。大部分变形钛合金具有良好的铸造性能,均可用于铸造。使用最广泛的铸造钛合金是 Ti－6Al－4V 合金。它的铸造工艺性能最好,组织、性能稳定,在 350 ℃ 以下具有良好的强度与断裂韧性,可取代不锈钢用于航空、化工等领域。

1.4.3　镁及镁合金

镁的元素符号为 Mg,密度为 1.738 g/cm³。镁是银白色金属,密排六方晶格,无同素异形转变。镁的强度比铝低,但比强度和比刚度比其他任何金属都高。镁的弹性模量小、塑性变形能力差、有良好的切削加工性能,如图 1－25 所示为镁粒。

镁合金是以镁为基,添加一种或一种以上其他元素组成的合金。镁合金在航天、航空工业应用较多,在其他工业部门如仪表、工具等也有应用。镁合金铸造工艺能满足零部件结构复杂的要求,能铸造出外形上难以进行机械加工、强度高的零部件。镁合金具有优良的切削加工性能、很高

图 1－25　镁　粒

的振动阻尼容量,能承受冲击载荷,可制作承受振动的部件。镁合金按加工工艺分为变形镁合金和铸造镁合金。

1. 变形镁合金

变形镁合金相比于铸造镁合金具有更大的发展潜力。通过材料结构的控制、热处理工艺的应用,变形镁合金可获得更高的强度、更好的延展性和更多样化的力学性能,从而满足多样化工程结构件的应用需求。变形镁合金往往需要加热到一定温度并通过挤压、轧制及

锻造等热成形技术加工而成。可以塑性加工制造成板、棒、型、管、带、线等镁材和锻件的镁合金,主要用于薄板、挤压件和锻件等。

工业用变形镁合金按其接受热处理的强化效果可分为可热处理强化合金（如 MB7、MB15 等）与不能热处理强化合金（MB1、MB2、MB3 等）。按镁合金主要成分可分为:镁锰系合金、镁铝锌系合金、镁锌锆系合金、镁钍系耐热合金、镁锌锆稀土系合金、镁锂系合金、镁锰稀土系合金。我国变形镁合金的牌号以 MB 后尾随数字表示,数字表示合金的顺序号。如 Mg - Al - Zn - Mn 系的变形镁合金的代号有 MB2、MB5、MB7 等。

2. 铸造镁合金

铸造镁合金是以镁为基加入合金化元素形成的适于用铸造方法生产零部件的镁合金。铸造镁合金具有如下特性:结晶温度间隔大,体收缩和线收缩大,组织中的共晶体量、比热容、凝固潜热、密度以及液体压头均小,流动性低,拉裂、缩松倾向一般较铸造铝合金大得多。

铸造镁合金主要用于汽车零件、机件壳罩和电气构件等。按合金化学成分可分为:镁铝锌系铸造镁合金、镁锌锆系铸造镁合金、镁稀土锆系铸造镁合金。

我国铸造镁合金牌号由 ZMg、主要合金元素符号以及表明合金化元素名义百分含量的数字组成。当合金元素多于两个时,合金牌号中应列出足以表明合金主要特性的元素符号及其名义百分含量的数字。合金元素符号按其名义百分含量递减的次序排列。除基体元素的名义百分含量不标注外,其他合金化元素的名义百分含量均标注于该元素符号之后,如 ZMgZn4RElZr 等。

我国铸造镁合金代号由字母 ZM 及其后面的数字组成,数字表示合金的顺序号,如 ZMgZn4RElZr 牌号的铸造镁合金的代号为 ZM2 等。

第2章 非金属材料知识

非金属材料指具有非金属性质(导电性导热性差)的材料。自19世纪以来,随着技术的进步,尤其是无机化学和有机化学工业的发展,人类以天然的矿物、植物、石油等为原料,制造和合成了许多新型非金属材料,如水泥、人造石墨、特种陶瓷、合成橡胶、合成树脂(塑料)、合成纤维等。这些非金属材料因具有各种优异的性能,为天然的非金属材料和某些金属材料所不及,并在近代工业中的用途不断扩大,并迅速发展。

本章介绍了非金属材料的具体分类,并分别介绍了塑料、复合材料和火炸药这3种非金属材料的基本内容。

2.1 非金属材料的分类

非金属材料由非金属元素或化合物构成的材料。

非金属材料可分为无机材料和有机材料两大类。在机械工程中较常使用的有许多品种,例如属于无机材料的有耐火材料、陶瓷、磨料、碳和石墨材料、石棉等;属于有机材料的有木材、皮革、胶黏剂和高分子合成材料——合成橡胶、合成树脂、合成纤维等;以及以非金属纤维增强树脂基所构成的复合材料。

1. 有机高分子材料

有机高分子材料又称聚合物或高聚物。由一种或几种分子或分子团(结构单元或单体)以共价键结合成具有多个重复单体单元的大分子,其分子量高达 $10^4 \sim 10^6$。它们可以是天然产物如纤维、蛋白质和天然橡胶等,也可以是用合成方法制得的,如合成橡胶、合成树脂、合成纤维等非生物高聚物等。聚合物的特点是种类多、密度小(仅为钢铁的1/7~1/8)、比强度大,电绝缘性、耐腐蚀性好,加工容易,可满足多种特种用途的要求,包括塑料、纤维、橡胶、涂料、粘合剂等领域,可部分取代金属、非金属材料。如图2-1所示为棉纤维和天然橡胶。

a)棉纤维　　　　　　　　　　b)天然橡胶

图2-1　有机高分子材料

2. 无机非金属材料

无机非金属材料包括除金属材料、有机高分子材料以外的几乎所有材料。这些材料主要有陶器、瓷器、砖、瓦、玻璃、水泥、耐火材料以及氧化物陶瓷、非氧化物陶瓷、金属陶瓷、复合陶瓷等新型材料如图 2-2 所示。无机非金属材料来源丰富、成本低廉、应用广泛。无机非金属材料具有许多优良的性能，如耐高温、高硬度、耐腐蚀，以及优良的介电、压电、光学、电磁性能及其功能转换特性等；主要缺点是抗拉强度低、韧性差。近年来，又出现了氧化物陶瓷、碳化物陶瓷、氮化物陶瓷等许多具有特殊性能的新型材料。无机非金属材料已成为各种结构及功能材料的主要来源，如耐高温、抗腐蚀、耐磨损的氧化铝（Al_2O_3）、氮化硅（Si_3N）、碳化硅（SiC）、氧化锆增韧陶瓷；大量用作切削刀具的金属陶瓷；将电信息转变为光信息的铌酸锂和改性的锆钛酸铅以及压电陶瓷和 PTC 陶瓷等。

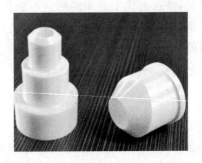

图 2-2　无机非金属材料

3. 复合材料

复合材料是由两种或多种材料组成的多相材料。一般指由一种或多种起增强作用的材料（增强体）与一种起黏结作用的材料（基体）结合制成的具有较高强度的结构材料，如图 2-3 所示。

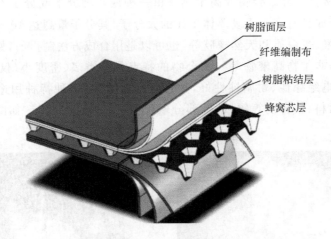

树脂面层
纤维编制布
树脂粘结层
蜂窝芯层

图 2-3　复合材料

增强体是指复合材料中借基体黏结，强度、模量远高于基体的组分。按形态有：颗粒、纤维、片状和体型四类。目前在国防工业中主要采用的连续纤维增强体如玻璃纤维、碳纤维、石墨纤维、碳化硅纤维、硼纤维和高模量有机纤维等，具有强度高、弹性模量大的优点，主要作为复合材料的增强材料。

基体是指复合材料中黏结增强体的组分。一般分为金属基体、聚合物基体和无机非金属基体三大类。金属基体包括纯金属及其合金,聚合物基体包括树脂、橡胶等,无机非金属基体包括玻璃、陶瓷等。基体对增强体应具有良好的粘结力和兼容性,基体和增强体之间的接触面称为"界面"。由于基体对增强体的粘结作用,使界面发生力的传播、裂纹的阻断、能量的吸收和散射等效应,从而使复合材料产生单一材料所不具备的某些优异性能,例如碳纤维环氧树脂复合材料的疲劳性能和断裂韧度都远优于碳纤维和环氧树脂。

复合材料可分为结构复合材料和功能复合材料两大类。结构复合材料的特点是可根据材料在使用中受力的要求进行组元选材设计,更重要的是还可进行复合结构设计,即增强体设计,能合理满足需要并节约用材。功能复合材料则具有某种特殊的物理或化学特性,可根据其功能分类,如导电、磁性、阻尼、摩擦、换能等。

复合材料还可分为常用和先进两类。常用复合材料如玻璃钢便是用玻璃纤维等性能较低的增强体与普通高聚物(树脂)构成,由于其价格低廉得以大量发展,已广泛用于船舶、车辆、化工、管道和储罐、建筑结构、体育用品等方面。先进复合材料指用高性能增强体如碳纤维、硼纤维、石墨纤维等与高性能高聚物构成的复合材料,后来又把金属基、陶瓷基和碳(石墨)基以及功能复合材料包括在内。它们的性能优良但价格较高,主要用于国防、精密机械、深潜器、机器人结构件和高档体育用品等。

2.2　塑　料

曾经在材料领域成长最快的是塑料。任何对塑料完整的处理,尤其是涉及材料的化学性能,都要求相当大的体积。另一方面,由于其与众多金属材料的直接竞争,在任何材料处理和加工制造过程中都不能忽略塑料的存在,自 1985 年以来,每年生产的塑料比所有有色金属的总合还要多。

塑料是以单体为原料,通过加聚或缩聚反应聚合而成的高分子化合物,其抗形变能力中等,介于纤维和橡胶之间,由合成树脂及填料、增塑剂、稳定剂、润滑剂、色料等添加剂组成。

塑料的主要成分是树脂,树脂是指尚未和各种添加剂混合的高分子化合物。树脂这一名词最初是由动植物分泌出的脂质而得名,如松香、虫胶等。树脂约占塑料总重量的 40%～100%。塑料的基本性能主要决定于树脂的本性,但添加剂也起着重要作用。有些塑料基本上是由合成树脂所组成,不含或少含添加剂,如有机玻璃等。

本节内容主要介绍塑料的类型及特性。

2.2.1　塑料的类型

从化学的角度来说,塑料都是一些聚合物。对大多数塑料来说,它们的性质由聚合度决定,这在很大程度上解释了塑料性能变化很大的原因。

大量的塑料是天然的材料,它们往往经历了某些化学调整,但仍保留了天然材料通常具备的化学性质。目前绝大多数塑料被称作合成塑料更合适一些。尽管,它们中的许多利用的是纯天然材料作为主要成分,但原材料与最终产品在化学性质上没有任何联系,如图 2-4 为塑料的结构。

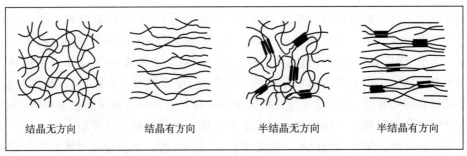

结晶无方向　　　　　结晶有方向　　　　　半结晶无方向　　　　　半结晶有方向

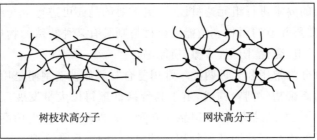

树枝状高分子　　　　　　　　网状高分子

图 2-4　塑料结构

2.2.2　塑料的特性

基于聚合反应的类型,塑料可以分为两大类:热塑性塑料和热固性塑料。热塑性材料比热固性材料具有更低的强度和硬度,但韧性则相对较高。热固性塑料较热塑性塑料具有更好抗潮湿和化学腐蚀性能。

没有任何一种塑料的工作温度能够达到大多数金属那么高,与金属相比,所有塑料的弹性模量都很低。尽管许多金属的极限强度都高于塑料,但某些特殊的塑料可以与金属相匹敌。如尼龙是很少的几种可以进行加工硬化的纯晶态的塑料之一,尼龙的拉伸强度可达50000 Psi(约 344.8 MPa),这一数值高于某些低强度钢。塑料尤其适合于一些需要考虑绝缘和耐化学腐蚀能力的场合。由于其大批量生产的低廉的制造成本、重量、易染色等特性,大量的塑料用于与其它材料进行直接竞争的领域。

1. 塑料的优点

(1)大部分塑料的抗腐蚀能力强,不与酸、碱反应。

(2)塑料制造成本低。

(3)耐用、防水、质轻。

(4)容易被塑制成不同形状。

(5)是良好的绝缘体。

(6)塑料可以用于制备燃料油和燃料气,这样可以降低原油消耗。

塑料的缺点

(1)回收利用废弃塑料时,分类困难,而且经济上不划算。

(2)塑料容易燃烧,燃烧时产生有毒气体。例如聚苯乙烯燃烧时产生甲苯,少量这种物质就会导致失明,吸入会产生呕吐症状,PVC 燃烧也会产生氯化氢有毒气体。在高温环境,塑料会分解有毒成分,例如苯等。

（3）塑料是由石油炼制的产品制成的，石油资源是有限的。

（4）塑料埋在地底下几百年才会腐烂。

（5）塑料的耐热性能等较差，易于老化。

（6）塑料无法自然降解，已成为环境的头号敌人，也会导致许多动物死亡。如动物园里的猴子、鹈鹕、海豚等，会误吞游客随手丢的塑料瓶，由于不消化而痛苦地死去；远远望去美丽纯净的海面走近了看，飘满了各种各样的无法降解塑料垃圾；科学家在多只死去海鸟的肠子里，发现了无法被消化的塑料。

2.3 复合材料

现代复合材料按基体材料类型可分为：有机高分子的聚合物基、金属基和无机非金属基三大类。聚合物基复合材料（PMC）又可分为树脂基体和橡胶弹性基体。树脂基体处于玻璃态，因此树脂基复合材料具有高的模量、强度和尺寸稳定性，可作为承力结构材料；而橡胶弹性体处于高弹态，可用作阻尼、隔声、含能（固体推进剂）等功能复合材料的基体。由于目前复合材料的优势在于用作结构材料，因此树脂基复合材料更为重要，可认为它是聚合物基复合材料的代表。

复合材料中含有两种或两种以上的材料，它们在复合材料中仍保持其原有特性，但粘结力和它们的相对位置使其整体的性能要好得多。复合的原料包括金属、金属和非金属化合物以及所有的非金属。研制复合材料一般是为了获得高强度、高硬度的结构，有时也是为了用于某些特殊环境而研制的。

聚合物基复合材料的第一代是玻璃纤维/树脂基复合材料（俗称玻璃钢），第二代是以高强度、高模量为特征的碳纤维、硼纤维、超高分子量聚乙烯等纤维增强的复合材料，其性能明显优于第一代，被称为先进聚合物基复合材料（APMC），其特征和优点是：①比强度、比模量（弹性模量与密度之比）高（高模量碳纤维复合材料的比强度是钢的 5 倍、铝合金的 4 倍、钛合金的 3.5 倍以上，比模量是钢、铝、钛的 4 倍甚至更高）；②耐疲劳性能好（大多数金属材料的疲劳强度极限是其抗拉强度的 30%～40%，而碳纤维复合材料的疲劳强度是其抗拉强度的 70%～80%）；③抗震性能好，热膨胀系数小；④具有多种功能，各向异性及性能可设计性；⑤材料与结构的同一性（复合材料制造与制品成形是同时进行的，可实现制品的一次成型，适合于大面积、结构形状复杂构件的精确整体成型）。

复合材料的主要应用在航空、航天工业。在航空工业，已应用部位几乎遍布战斗机的机体，包括垂直尾翼、水平尾翼、机身蒙皮以及机翼的壁板和蒙皮等等，在战斗机中树脂基复合材料的用量已达 24%；民用飞机的应用部位以次结构（如整流罩、固定翼和尾喷口盖壁板、发动机罩）以及飞机控制面（如副翼、升降舵、方向舵和扰流片）为主；复合材料在直升机结构中应用更广、用量更大，不仅机身结构，而且由桨叶和桨毂组成的升力系统、传动系统也大量采用树脂基复合材料。PMC 在航天领域的导弹、运载火箭、航天器等重大工程系统以及其地面设备配套件中都获得广泛应用，包括液体导弹弹体和运载火箭箭体材料如推进剂储箱、导弹级间段、高压气瓶；固体导弹和运载火箭推进器的结构材料和功能材料、固体发动机喷管的结构和绝热部件；战术战略导弹的弹头材料、发射筒；卫星整流罩的结构材料和返回式航天器的烧蚀防热材料。

2.3.1　层压复合材料

很多复合材料都采用层压结构。这类材料大多制成高强度重量比的平板或卷板,用来在一些应用中取代钢材。像许多材料及其工艺的新发展一样,层压复合材料的研制也是随着航天工业的需求而开始的。

1. 铝-硼复合材料

图 2-5 是一种典型的复合材料的截面示意图。硼的熔点很高,是一种硬度和强度都很高的非金属材料。铝-硼复合材料的制造流程是先将硼纤维按一定取向与铝基体混合,然后再用两片铝合金板把混合物夹起来。这种结构的材料重量很轻,但是硬度和强度却很高,可以应用在很多航天工业产品的部件中。这种材料中的主要问题是纤维支数的取向性和分布不良、断裂以及各层间的结合不良等。

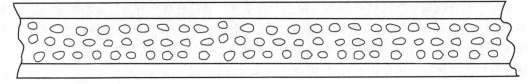

图 2-5　复合材料的截面

2. 玻璃钢

玻璃钢广泛应用于环氧树酯、聚酯等热固性塑料产品的强化,如图 2-6 所示。它在作为填充物时长度较短且取向随机。当在某一方向上需要较高强度时,可以使纤维沿此方向排列,另外也可以采用多重取向或在熔入塑料之前将纤维制成布状。玻璃钢应用于船舶、汽车、航空航天器以及其他多种工业中。

图 2-6　玻璃钢

3. 石墨

石墨强化塑料是一种新研制出来的低重量、高强度材料。它以无定形碳的形式与环氧树脂混合,可以织成布状,也可以压成板、棒、杆等形状。这是一种重量轻、强度高、弹性好的材料。它可以用作硬材料中的夹层,也可以用作价格较贵的鱼竿和高尔夫球杆中的弹性部分。

4. 蜂窝夹层结构

蜂窝夹层结构是指将面板(蒙皮)和蜂窝芯相互连接构成的一种板壳结构,主要包括金属(铝合金、高强度合金等)蜂窝夹层结构和复合材料蜂窝夹层结构。蜂窝夹层结构的结构形式主要有两种:A 型结构(蜂窝芯加两层蒙皮)和 C 型结构(两层蜂窝芯加三层蒙皮)。前者应用比较普遍;后者的典型应用是预警机的天线罩。

当需要重量轻强度高以及弯曲性能好,并且厚度也可以发生改变的板材时,可以使用蜂巢结构复合材料。这种材料是利用夹在两块薄板中的轻质多孔材料结构来得到其强度的,每个组成部分都很薄、很轻,而且比较脆,但是它们组合起来就会变得又硬又结实。蜂窝夹层结构具有比强度和比模量高,抗疲劳性、减振性、破损安全性和成形工艺性好,便于修理等特点,已在飞机、火箭、人造卫星、舰船等工业领域获得越来越多的应用。在航空航天产品中,蜂窝夹层结构常制成各种壁板或全高度蜂窝件,用作飞机及导弹的翼面、舵面、舱盖、地板、发动机尾喷管、消声板、宇航飞行器的外壳、回收缓冲装置等。蜂窝夹层结构还广泛用于其他领域,如舰艇及车辆外壳等。

　　图2-7是蜂窝结构复合材料,它是由一种玻璃钢和石墨材料构成的,制造时先用薄玻璃钢板和平行排列的环氧树脂条制成像三明治一样的结构,经过加热加压并切成合适的尺寸形状后,再撕开。在其中会形成六边形的小空腔,如图2-8所示为典型的平板状蜂窝结构料黏结,用黏结剂将一层薄板包围在外面,两次加热加压。这一操作通常在一种叫做蒸压釜的容器中进行。

图2-7　蜂窝结构复合材料

图2-8　典型的平板状蜂窝结构料黏结

　　制造蜂窝结构复合材料需要小心仔细地操作。如图2-9所示是复合材料中的几种不连续类型。它们会导致局部应力集中从而使结构发生突然破坏,用无损方法来检测结合质量是很重要的。制造蜂窝结构复合材料的主要方法是用黏接剂,但是不锈钢可以采用钎焊法。

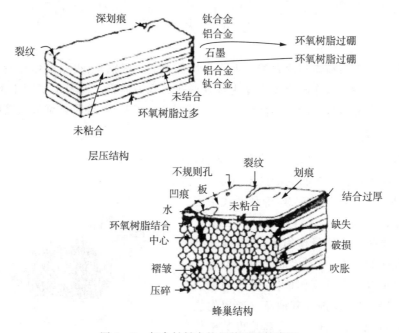

图2-9　复合材料中的几种不连续类型

2.3.2　混合物

有些复合材料是用几种材料均匀混合而成的,组成物的配比可以显著改变其性能,最常见的如陶瓷、混凝土等。

1. 陶瓷

陶瓷的种类很多,陶瓷主要是用黏土(硅和铝的化合物)和水混合,作成一定的形状,然后放入窑中烧制而成。陶瓷制品包括瓷器和砖瓦等。陶瓷是热和电的不良导体,电力工业中用的陶瓷需要经过无损检测找出裂纹等缺陷以防止夹杂物或潮气影响其绝缘性能。其他种类的陶瓷,如制作刀具用的陶瓷,是用细氧化铝颗粒通过粉末冶金技术制成的。

2. 混凝土

砂子和水泥与足够的水混合,然后经过一定的时间就可以形成混凝土。混凝土通常用来制造承重结构,例如桥墩和梁(如图 2-10)。混凝土有时要承受弯曲载荷(拉和压),所以要加入钢筋以提高强度。

水泥中含有 80% 的碳酸钙和 20% 的黏土。在制造水泥的过程中加入不同的添加剂可以改变其性能。混凝土的强度随时间的延长而提高,固化过程一般在几小时或几天中完成,但是要达到标准水泥 100% 的强度则需要经过28 天。

图 2-10　桥墩和梁

实际上水泥的强度在此后仍会缓缓提高,一年后强度可以达到原来的 150% 甚至更高。水泥的检测多数都是破坏性的,因此混合与浇注的步骤是十分重要的。

2.4　火炸药

火炸药包括火药和炸药两大类。火药和炸药的主要区别是:火药的爆炸变化是迅速燃烧形式,而不发生爆轰;炸药的爆炸变化基本形式表现为爆轰。前者主要用于枪弹、炮弹的发射药或推进火箭运行的能源;后者主要用于爆破作业及炮弹、各种炸弹和火箭的战斗部。

2.4.1　火药

火药是中国四大发明之一,顾名思义,可由火花、火焰等引起剧烈燃烧的药剂如图 2-11 所示。据《范子计然》的记载,春秋时代中国就已经用于民生,《范子计然》提到"硝石出陇道",是在适当的外界能量作用下,自身能进行迅速而有规律的燃烧,同时生成大量高温燃气的物质。在军事上主要用作枪弹、炮弹的发射药和火箭、导弹的推进剂及其他驱动装置的能源,是弹药的重要组成部分。火药是以其杀伤

图 2-11　火　药

力和震慑力,带给人类停战、安全防卫的作用,成了人类重要发明之一。

火药的种类较多,除日常所见的火药外,目前在兵器上常见的火药有双基火药和复合火药及改性双基火药。双基火药的主要成分为纤维素硝酸酯和不易排除的溶剂。复合火药的成分多种多样,但其基本成分仍然是氧化剂和燃烧剂。它与双基火药不同,其氧化剂和燃烧剂是分开的、是不同物质,而双基火药是同一成分。火药能在隔绝氧气的情况下有规律燃烧、主要形成气体产物,提供发射炮弹、推进火箭和其他能量。

1. 火药分类

火药是武器发射弹丸的能源,按用途可分为点火药、发射药、固体推进剂。其中发射药又分为:枪用发射药、炮用发射药、弹射座椅发射药等。固体推进剂又分为火箭用固体推进剂、导弹用固体推进剂。

(1)外部特征

按火药燃烧时外部特征可分为有烟药与无烟药;按火药燃烧时的表面积变化情况不同,可分为减面燃烧火药、恒面燃烧火药、增面燃烧火药。

(2)成型工艺

火药由硫黄、硝石、木炭混合而成,按火药成型工艺可分压制火药、铸造火药、混合火药等。按火药的某些特点可分为易挥发性火药、难挥发性火药。

(3)结构

最常用的是按火药和结构分为均质火药和异质火药,因为结构不同,带来工艺性质、燃烧性质和物理力学性能等均有显著差别。均质火药又分为:单基药、双基药、多基药、改性双基药。双基药再分为柯达型双基药、巴列斯太型双基药;异质火药又分为黑火药、复合火药等。

2. 组成材料

火药由木炭、硫黄、硝石,混合而成。古人对这个三种物质就有了一定认识。早在新石器时代人们在烧制陶器时就认识了木炭,把它当做燃料。商周时期,人们在冶金中广泛地使用木炭。木炭灰分比木柴少,强度高,是比木柴更好的燃料。硫黄天然存在,很早人们就开采它。在生活和生产中经常接触到硫黄,如温泉会释放出硫黄的气味,冶炼金属时,逸出的二氧化硫刺鼻难闻,这些都会给人留下印象。最早的硝,可能是墙角和屋根下的土硝,硝石的化学性质很活泼能与很多物质发生反应,它的颜色和其他一些盐类区别不大,在使用中容易搞错。

3. 使用方法

火药应满足以下使用要求:

(1)足够的能量,以保证弹丸和火箭、导弹的射程;

(2)良好的燃烧稳定性和规律性,以保证发射的弹丸和火箭、导弹具有良好的弹道性能及射击精度;

(3)足够的强度,以保证发射时不致产生药体破裂而影响燃烧性能;

(4)良好的韧性、化学稳定性,以保证火药可以长期贮存而不变质;

(5)撞击、摩擦等机械敏感度要小,以保证使用、生产、贮存、运输过程中的安全。

2.4.2　炸药

炸药是能在极短时间内剧烈燃烧(即爆炸)的物质,是在一定的外界能量的作用下,由自身能量发生爆炸的物质,同时释放热量并形成高热气体的化合物或混合物。一般情况下,炸药的化学及物理性质稳定,但不论环境是否密封,药量多少,甚至在外界零供氧的情况下,只要有较强的能量激发,炸药就会对外界进行稳定的爆轰式作功。炸药爆炸时,能释放出大量的热能并产生高温高压气体,对周围物质起破坏、抛掷、压缩等作用。

炸药按化学成分分为单质炸药和混合炸药,按用途分为起爆药(初发炸药)、猛炸药(次发炸药)和发射药(实际是火药,包括火箭燃料)。起爆药用于激发其他炸药的爆炸。其特点是感度高,在简单的激发冲量作用下即可爆炸。在军事上,起爆药主要用于装填火帽、底火、点火管、各种电点火具、炮弹雷管、爆破雷管和电雷管等。炸药对外界作用的感度较迟钝,主要靠起爆药来激发其爆炸变化。猛炸药用于各种火箭的战斗部、各种炮弹的弹体、炸弹、鱼雷、深水炸弹和手榴弹等起爆炸破坏作用的部位。

1. 作用原理

炸药由于能对周围介质作猛烈的破坏功,往往又被称为猛炸药。常用的猛炸药按组成可分为单体炸药和混合炸药两类。还有一类感度很高的炸药,从燃烧转变为爆轰的时间极短,通常不直接用于作破坏功,而是用于引燃或引爆其他火炸药,称为起爆药。炸药的爆炸通过一定的外界激发冲量的作用,爆轰是炸药中化学反应区的传播速度大于炸药中声速时的爆炸现象,是炸药典型的能量释放形式。爆炸实际上分两个阶段。大部分破坏是由最初的膨胀造成的。它还会在爆炸源周围制造一个压力很低的区域,气体快速向外移动,从而将大部分气体从爆炸"中心"向外吸。向外冲击之后,气体涌回到部分真空的中心地带,形成第二个破坏力较小的内向能量波。由于炸药爆炸时化学反应速度非常快,在瞬间形成高温高压气体。以极高的功率(每千克炸药爆轰瞬间输出功率可达 50 kW)对外界做功,使周围介质受到强烈的冲击、压缩而变形或碎裂。

炸药爆炸是一种化学反应,反应过程必须同时具备三个条件:

(1)反应过程为放热性;

(2)反应高速进行并能自行传播;

(3)反应过程中生成大量气体产物。

反应过程的放热性为爆炸反应的必要条件。只有放热反应才能使反应自行延续,才能使反应具有爆炸性。只靠外界供给热量以维持其反应的物质是不可能发生爆炸的。爆炸反应过程中,单位质量炸药在一定条件下(例如在某一装药密度下)所放出的热量称为爆热。

爆炸反应的一个突出点是反应的高速性,许多普通化学反应放出的热量虽比炸药放出的热量多,但反应过程缓慢,而爆炸反应在十万分之几秒至百分之几秒内完成,比一般化学反应快千万倍。由于反应的高速性,反应所产生的热量在瞬间来不及扩散,形成的高温高压气体产物,使炸药具有很大的功率。反之,如果反应进行缓慢,生成的热和气体逐渐扩散到周围介质中,就形不成爆炸。爆炸过程进行的速度,一般指爆轰波在炸药中传播的速度,这个速度称为炸药的爆速。

爆炸反应过程必然产生大量气体。炸药爆炸时产生气体体积为爆炸前体积的数百至数千倍。在爆炸的瞬间大量气体被强烈地压缩在近乎原有的体积之内,因而产生数十万个大气压的高压,再加上反应的放热性,高温高压气体迅速对周围介质膨胀作功,这就造成了炸药所具有的功率。因而炸药是在适当的外界能量作用下,能够发生快速的化学反应,并生成大量的热和气体产物的物质。火工品则是装有炸药的小型元件或装置,受一定的初始冲能

（如热、机械、电和光等冲能）作用即可燃烧或爆炸，以产生预期的功能。常见的火工品有雷管、导火索、导爆索、火帽、底火等。

2. 主要分类

（1）按照炸药的用途分类，可以将炸药分为起爆药、猛炸药和发射药几大类。

（2）按照炸药组成的化学成分分类，可以将炸药分为单一化学成分的单质炸药和多种化学成分组成的混合炸药两大类。爆破工程中大量使用的是猛炸药，尤其混合猛炸药；起爆器材中使用的是起爆药和高威力的单质猛炸药。

第3章 金属制造工艺

金属制造是一种把金属物料加工成为工件产品、零件、组件的工艺技术。金属材料的制造加工工艺按其特点分为冷加工（机械加工、冷轧、冷锻、冲压等）和热加工（铸造、热扎、锻造、焊接、热处理等）。本章节主要介绍金属制造工艺过程，包括炼铁、炼钢、金属铸造、金属焊接、金属塑性加工、粉末冶金、金属机械加工、金属薄板的压力加工以及金属腐蚀与防护、金属在役应用等。

3.1 炼 铁

炼铁是指将金属铁从含铁矿物（主要为铁的氧化物）中提炼出来的工艺过程，主要有高炉法、直接还原法、熔融还原法、等离子法等。从冶金学角度看，炼铁是铁生锈、逐步矿化的逆行为，从含铁的化合物里把纯铁还原出来。在实际生产中，纯粹的铁不存在，得到的是铁碳合金。

3.1.1 基本概述

高炉炼铁是指把铁矿石、焦炭、一氧化碳和氢气等燃料及熔剂（从理论上说把金属活动性比铁强的金属和矿石混合后高温也可炼出铁来）装入高炉中冶炼，去掉杂质而得到金属铁（生铁），图3-1为高炉炼铁示意图。

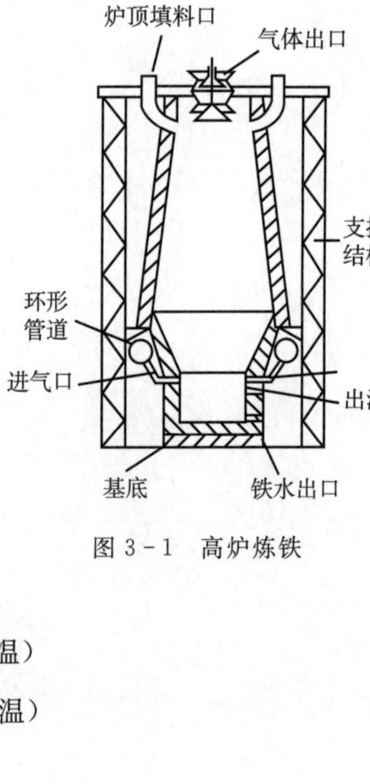

其反应式为：

$$Fe_2O_3 + 3CO = 2Fe + 3CO_2（高温）\qquad（还原反应）$$

$$Fe_3O_4 + 4CO = 3Fe + 4CO_2（高温）\qquad（还原反应）$$

$$C + O_2 = CO_2（高温）$$

$$C + CO_2 = 2CO（高温）$$

炉渣的形成：

$$CaCO_3 = CaO + CO_2（高温）$$

$$CaO + SiO_2 = CaSiO_3（高温）$$

图3-1 高炉炼铁

3.1.2 化学原理

高炉生产是连续进行的。一代高炉（从开炉到大修停炉为一代）能连续生产几年到十几年。生产时，从炉顶（一般炉顶是由料钟与料斗组成，现代化高炉是钟阀炉顶和无料钟炉顶）不断地装入铁矿石、焦炭、熔剂，从高炉下部的风口吹进热风（1000～1300 ℃），喷入油、煤或天然气等燃料。装入高炉中的铁矿石，主要是铁和氧的化合物。在高温下，焦炭中和喷吹物中的碳及碳燃烧生成的一氧化碳将铁矿石中的氧夺取，得到铁，这个过程叫做还原。铁矿石通过还原反应炼出生铁，铁水从出铁口放出。铁矿石中的脉石、焦炭及喷吹物中的灰分与加入炉内的石灰石等熔剂结合生成炉渣，从出铁口和出渣口分别排出。煤气从炉顶导出，经除尘后，作为工业用煤气。现代化高炉还可以利用炉顶的高压，用导出的部分煤气发电，如图 3-2 所示为高炉反应原理。

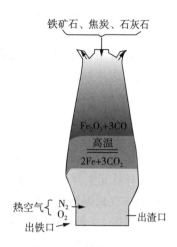

图 3-2　高炉反应原理

3.1.3　基本流程

高炉冶炼是把铁矿石还原成生铁的连续生产过程。铁矿石、焦炭和熔剂等固体原料按规定配料比由炉顶装料装置分批送入高炉，并使炉喉料面保持一定的高度。焦炭和矿石在炉内形成交替分层结构。

1. 炉前操作

(1)利用开口机、泥炮、堵渣机等专用设备和各种工具，按规定的时间分别打开渣、铁口(现今渣铁口合二为一)，放出渣、铁，并经渣铁沟分别流入渣、铁罐内，渣铁出完后封堵渣、铁口，以保证高炉生产的连续进行。

(2)完成渣、铁口和各种炉前专用设备的维护工作。

(3)制作和修补撇渣器、出铁主沟及渣、铁沟。

(4)更换风、渣口等冷却设备及清理渣铁运输线等一系列与出渣出铁相关的工作。

2. 高炉基本操作

高炉炉况稳定顺行：一般是指炉内的炉料下降与煤气流上升均匀，炉温稳定充沛，生铁合格，高产低耗。

操作制度：根据高炉具体条件(如高炉炉型、设备水平、原料条件、生产计划及品种指标要求)制定的高炉操作准则。

3. 高炉

横断面为圆形的炼铁竖炉。用钢板作炉壳，壳内砌耐火砖内衬。高炉本体自上而下分为炉喉、炉身、炉腰、炉腹、炉缸 5 部分。由于高炉炼铁技术经济指标良好，工艺简单，生产量大，劳动生产效率高，能耗低等优点，故用这种方法生产的铁占世界铁总产量的绝大部分。高炉生产时从炉顶装入铁矿石、焦炭、造渣用熔剂(石灰石)，从位于炉子下部沿炉周的风口吹入经预热的空气。在高温下焦炭(有的高炉也喷吹煤粉、重油、天然气等辅助燃料)中的碳同鼓入空气中的氧燃烧生成的一氧化碳和氢气，在炉内上升过程中除去铁矿石中的氧，从而还原得到铁。炼出的铁水从铁口放出。铁矿石中未还原的杂质和石灰石等熔剂结合生成炉渣，从渣口排出。产生的煤气从炉顶排出，经除尘后，作为热风炉、加热炉、焦炉、锅炉等的燃料。高炉冶炼的主要产品是生铁，还有副产品高炉渣和高炉煤气。

4. 高炉热风炉

热风炉是为高炉加热鼓风的设备，是现代高炉不可缺少的重要部分。提高风温可以通过提高煤气热值、优化热风炉及送风管道结构、预热煤气和助燃空气、改善热风炉操作等技术来实现。理论研究和生产实践表明，采用优化的热风炉结构、提高热风炉热效率、延长热风炉寿命是提高风温的有效途径。

5. 铁水罐车

铁水罐车用于运送铁水,实现铁水在脱硫跨与加料跨之间的转移或放置在混铁炉下,用于高炉或混铁炉等出铁。

3.2　炼　钢

炼钢是指控制碳含量(一般小于 2%),消除 P、S、O、N 等有害元素,保留或增加 Si、Mn、Ni、Cr 等有益元素并调整元素之间的比例,获得最佳性能的工艺。

把生铁放到炼钢炉内按一定工艺熔炼,即得到钢。钢的产品有钢锭、连铸坯和直接铸成各种钢铸件等,一般是指轧制成各种钢材的钢。钢属于黑色金属但钢不完全等于黑色金属。

3.2.1　基本概述

铁水中含有 C、S、P 等杂质,影响铁的强度和脆性等,需要对铁水进行再冶炼,以去除上述杂质,并加入 Si、Mn 等,调整其成分。

炼钢的主要原料是含碳较高的铁水或生铁以及废钢铁。为了去除铁水中的杂质,还需要向铁水中加入氧化剂、脱氧剂和造渣材料以及铁合金等材料,以调整钢的成分。含碳较高的铁水或生铁加入炼钢炉以后,经过供氧吹炼、加矿石、脱炭等工序,将铁水中的杂质氧化除去,最后加入合金,进行合金化,便得到钢水。炼钢炉有平炉、转炉和电炉 3 种。平炉炼钢法因能耗高、作业环境差已逐步淘汰;转炉和平炉炼钢是先将铁水装入混铁炉预热,将废钢加入转炉或平炉内,然后将混铁炉内的高温铁水用混铁车兑入转炉或平炉,进行融化与提温,当温度合适后,进入氧化期。电炉炼钢是在电炉炉钢内全部加入冷废钢,经过长时间的熔化与提温,再进入氧化期,图 3-3 为转炉炼钢示意图。

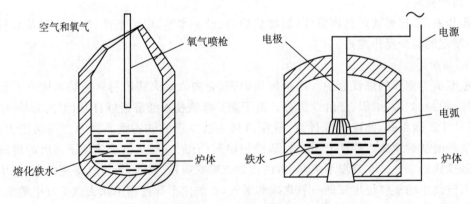

图 3-3　转炉炼钢

1. 融化过程

铁水及废钢中含有 C、P、S 等杂质,在低温融化过程中,C、Si、P、S 被氧化,即使单质态的杂质变为化合态的杂质,以利于后期进一步去除杂质。氧来源于炉料中的铁锈(成分为 $Fe_2O_3 \cdot 2H_2O$)、氧化铁皮、加入的铁矿石以及空气中的氧和吹氧。各种杂质的氧化过程是在炉渣与钢液的界面之间进行的。

2. 氧化过程

氧化过程是在高温下进行的脱碳、去磷、去气、去杂质反应。

3. 脱氧、脱硫与出钢

氧化末期，钢中含有大量过剩的氧，通过向钢液中加入块状或粉状铁合金或多元素合金来去除钢液中过剩的氧，产生的有害气体 CO 随炉气排出，产生的炉渣可进一步脱硫，即在最后的出钢过程中，渣、钢强烈混合冲洗，增加脱硫反应。

4. 炉外精炼

从炼钢炉中冶炼出来的钢水含有少量的气体及杂质，一般是将钢水注入精炼包中，进行吹氩、脱气、钢包精炼等工序，得到较纯净的钢质。

5. 浇铸

从炼钢炉或精炼炉中出来的纯净的钢水，当其温度、化学成分调整合适以后，即可出钢。钢水经过钢水包脱入钢锭模或连续铸钢机内，即得到钢锭或连铸坯。

浇注分为模铸和连铸两种方式，模铸又分为上注法和下注法两种。上注法是将钢水从钢水包通过铸模的上口直接注入模内形成钢锭。下注法是将钢水包中的钢水浇入中注管、流钢砖，钢水从钢锭模的下口进入模内。钢水在模内凝固即得到钢锭。钢锭经过脱保温帽送入轧钢厂的均热炉内加热，然后将钢锭模等运回炼钢厂进行整模工作。

连铸是将钢水从钢水包浇入中间包，然后再浇入洁净器中。钢液通过激冷后由拉坯机按一定速度拉出结晶器，经过二次冷却及强迫冷却，待全部冷却后，切割成一定尺寸的连铸坯，最后送往轧钢车间。

3.2.2　炼钢过程

炼钢过程可分下列几个步骤：

1. 加料

加料是指向电炉或转炉内加入铁水或废钢等原材料的操作，是炼钢操作的第一步。

2. 造渣

造渣是指调整钢、铁生产中熔渣成分、碱度和黏度及其反应能力的操作。目的是通过钢铁高炉渣——金属反应炼出具有所要求成分和温度的金属。例如氧气顶吹转炉造渣和吹氧操作是为了生成有足够流动性和碱度的熔渣，能够向金属液面中传递足够的氧，以便把硫、磷降到计划钢种的上限以下，并使吹氧时喷溅和溢渣的量减至最小。

3. 出渣

出渣是指电弧炉炼钢时根据不同冶炼条件和目的在冶炼过程中所采取的放渣或扒渣操作。如用单渣法冶炼时，氧化末期须扒氧化渣；用双渣法造还原渣时，原来的氧化渣必须彻底放出，以防回磷等。

4. 熔池搅拌

向金属熔池供应能量，使金属液和熔渣产生运动，以改善冶金反应的动力学条件。熔池搅拌可借助于气体、机械、电磁感应等方法来实现。

5. 脱磷

脱磷是减少钢液中含磷量的化学反应。磷是钢中有害杂质之一，含磷较多的钢，在室温或更低的温度下使用时，容易脆裂，称为"冷脆"。钢中含碳越高，磷引起的脆性越严重。一般普通钢中规定含磷量不超过 0.045%，优质钢要求含磷更少。生铁中的磷，主要来自铁矿石中的磷酸盐。氧化磷和氧化铁的热力学稳定性相近。在高炉的还原条件下,炉料中的磷几乎全部被还原并溶入铁水。应选矿不能除去磷的化合物,脱磷就只能在高炉外或碱性炼钢炉中进行。

铁中脱磷问题的认识和解决,在钢铁生产发展史上具有特殊的重要意义。钢的大规模工业生产开始于 1856 年贝塞麦(H. Bessemer)发明的酸性转炉炼钢法。但酸性转炉炼钢不能脱磷;而含磷低的铁矿石又很少,严重地阻碍了钢生产的发展。1879 年托马斯(S. Thomas)发明了能处理高磷铁水的碱性转炉炼钢法,碱性炉渣的脱磷原理接着被推广到平炉炼钢中去,使大量含磷铁矿石得以用于生产钢铁,对现代钢铁工业的发展作出了重大的贡献。

碱性渣的脱磷作用脱磷反应是在炉渣与含磷铁水的界面上进行的,钢液中的磷和氧结合成气态 P_2O_5 的反应。

6. 电炉底吹

通过置于炉底的喷嘴将 N_2、Ar、CO_2、CO、CH_4、O_2 等气体根据工艺要求吹入炉内熔池以达到加速熔化,促进冶金反应过程的目的。采用底吹工艺可缩短冶炼时间,降低电耗,改善脱磷、脱硫操作,提高钢中残锰量,提高金属和合金收得率。并能使钢水成分、温度更均匀,从而改善钢质量,降低成本,提高生产率。

7. 熔化期

炼钢的熔化期主要是对平炉和电炉炼钢而言。电弧炉炼钢从通电开始到炉料全部熔清为止、平炉炼钢从兑完铁水到炉料全部化完为止都称熔化期。熔化期的任务是尽快将炉料熔化及升温,并造好熔化期的炉渣。

8. 氧化期和脱碳期

普通功率电弧炉炼钢的氧化期,通常指炉料溶清、取样分析到扒完氧化渣这一工艺阶段,也有认为是从吹氧或加矿脱碳开始的。氧化期的主要任务是氧化钢液中的碳、磷,去除气体及夹杂物,使钢液均匀加热升温。脱碳是氧化期的一项重要操作工艺。为了保证钢的纯净度,要求脱碳量大于 0.2% 左右。随着炉外精炼技术的发展,电弧炉的氧化精炼大多移到钢包或精炼炉中进行。

9. 精炼期

炼钢过程通过造渣和其他方法把对钢的质量有害的一些元素和化合物,经化学反应选入气相或排、浮入渣中,使之从钢液中排除的工艺操作期。

10. 还原期

普通功率电弧炉炼钢操作中,通常把氧化末期扒渣完毕到出钢这段时间称为还原期。其主要任务是使还原渣进行扩散、脱氧、脱硫、控制化学成分和调整温度。高功率和超功率电弧炉炼钢操作已取消还原期。

11. 炉外精炼

将炼钢炉(转炉、电炉等)中初炼过的钢液移到另一个容器中进行精炼的炼钢过程,也叫二次冶金。炼钢过程因此分为初炼和精炼两步。初炼:炉料在氧化性气氛的炉内进行熔化、脱磷、脱碳和主合金化。精炼:将初炼的钢液在真空、惰性气体或还原性气氛的容器中进行脱气、脱氧、脱硫,去除夹杂物和进行成分微调等。炼钢分两步进行的好处是可提高钢的质量,缩短冶炼时间,简化工艺过程并降低生产成本。炉外精炼的种类很多,大致可分为常压下炉外精炼和真空下炉外精炼两类。按处理方式的不同,又可分为钢包处理型炉外精炼及钢包精炼型炉外精炼等。

12. 钢液搅拌

钢液搅拌是炉外精炼过程中对钢液进行的搅拌。它使钢液成分和温度均匀化,并能促进冶金反应。多数冶金反应过程是相界面反应,反应物和生成物的扩散速度是这些反应的限制性环节。钢液在静止状态下,其冶金反应速度很慢,如电炉中静止的钢液脱硫需30～60分钟;而在炉精炼中采取搅拌钢液的办法脱硫只需3～5分钟。钢液在静止状态下,夹杂物上浮除去,排除速度较慢;搅拌钢液时,夹杂物的除去速度按指数规律递增,并与搅拌强度、类型和夹杂物的特性、浓度有关。

13. 钢包喂丝

通过喂丝机向钢包内喂入用铁皮包裹的脱氧、脱硫及微调成分的粉剂,如 Ca - Si 粉或直接喂入铝线、碳线等对钢水进行深脱硫、钙处理以及微调钢中碳和铝等成分的方法叫作钢包喂丝。它还具有清洁钢水、改善非金属夹杂物形态的功能。

3.2.3 事后处理

炼钢的事后处理包括钢包处理、钢包精炼、惰性气体处理、预合金化、成分控制、增硅、终点控制和出钢处理等。

1. 钢包处理

钢包处理是钢包处理型炉外精炼的简称。其特点是精炼时间短(10～30分钟),转炉炼钢精炼任务单一,没有补偿钢水温度降低的加热装置,工艺操作简单,设备投资少。它有钢水脱气、脱硫、成分控制和改变夹杂物形态等装置。如真空循环脱气法(RH、DH),钢包真空吹氩法(Gazid),钢包喷粉处理法(IJ、TN、SL)等均属此类。

2. 钢包精炼

钢包精炼是炉外钢液精炼的简称。其特点是比钢包处理的精炼时间长(60～180分钟),具有多种精炼功能,有补偿钢水温度降低的加热装置,适于各类高合金钢和特殊性能钢种(如超纯钢种)的精炼。真空吹氧脱碳法(VOD)、真空电弧加热脱气法(VAD)、钢包精炼法(ASEA - SKF)、封闭式吹氩成分微调法(CAS)等,均属此类;与此类似的还有氩氧脱碳法(AOD)。

3. 惰性气体处理

向钢液中吹入惰性气体 Ar,这种气体本身不参与冶金反应,但从钢水中上升的每个小气泡都相当于一个"小真空室"(气泡中 H_2、N_2、CO 的分压接近于零),具有"气洗"作用。炉外精炼法生产不锈钢的原理,就是应用不同的 CO 分压下碳铬和温度之间的平衡关系。用惰性气体加氧进行精炼脱碳,可以降低碳氧反应中 CO 分压,在较低温度的条件下,碳含量降低而铬不被氧化。

4. 预合金化

向钢液加入一种或几种合金元素,使其达到成品钢成分规格要求的操作过程称为合金化。多数情况下脱氧和合金化是同时进行的,加入钢中的脱氧剂一部分消耗于钢的脱氧,转化为脱氧产物排出;另一部则为钢水所吸收,起合金化作用。在脱氧操作未全部完成前,与脱氧剂同时加入的合金被钢水吸收所起到的合金化作用称为预合金化。

5. 成分控制

保证成品钢成分全部符合标准要求的操作称为成分控制。成分控制贯穿于从配料到出钢的各个环节,但重点是合金化时对合金元素成分的控制。对优质钢往往要求把成分精确地控制在一个狭窄的范围内;一般在不影响钢性能的前提下,按中下限控制。

6. 增硅

吹炼终点时,钢液中含硅量极低。为达到各钢号对硅含量的要求,必须以合金料形式加入一定量的硅。它除了用作脱氧剂消耗部分外,还使钢液中的硅增加。增硅量要经过准确计算,不可超过吹炼钢种所允许的范围。

7. 终点控制

氧气转炉炼钢吹炼终点(吹氧结束)时使金属的化学成分和温度同时达到计划钢种出钢要求而进行的控制。终点控制有增碳法和拉碳法两种方法。

8. 出钢

出钢是钢液的温度和成分达到所炼钢种的规定要求时将钢水放出的操作,出钢时要注意防止熔渣流入钢包。用于调整钢水温度、成分和脱氧用的添加剂在出钢过程中加入钢包或出钢流中也叫脱氧合金化。

3.2.4 连铸

连铸即为连续铸钢的简称。在钢铁厂生产各类钢铁产品过程中,使用钢水凝固成型有两种方法:传统的模铸法和连续铸钢法。而在 20 世纪 50 年代在欧美国家出现的连铸技术是一项把钢水直接浇注成形的先进技术。与传统方法相比,连铸技术具有大幅提高金属收得率和铸坯质量,节约能源等显著优势。

连铸的流程为(如图 3－4):钢水不断地通过水冷结晶器,凝成硬壳后从结晶器下方出口连续拉出,经喷水冷却,全部凝固后切成坯料的铸造工艺过程。连铸坯从连铸机下方拉出如果连铸生产薄板坯,那么还可以进入连铸连轧工艺进行进一步的加工。连铸除了铸钢之外,还可以铸造铝、铜制品。

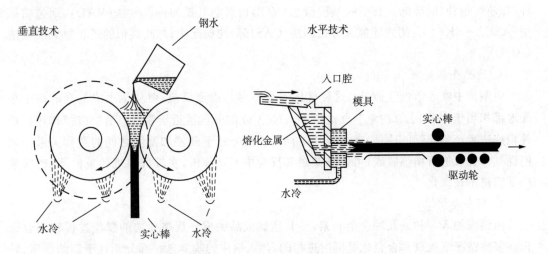

图 3－4　连铸的流程示意图

　　连铸的主要设备为连铸机,连铸机结构主要由中间包、结晶器、振动机构、引锭杆、二次冷却器、拉矫机和火焰切割机等组成,如图 3-5 所示。

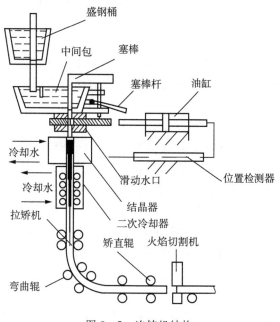

图 3-5　连铸机结构

　　(1)中间包

　　中间包介于钢包和结晶器之间,是短流程炼钢中用到的一个耐火材料容器。它接受来自钢包的钢水,并向结晶器分流。其作用包括:稳定钢流,减少钢流的静压力和对结晶器中坯壳的冲刷;均匀钢水温度,促进非金属夹杂物上浮从而去除;多炉连换包时起缓冲衔接作用。

　　(2)结晶器

　　结晶器是连铸机的核心部件,连铸生产是把液态的钢水直接铸造成成型产品,结晶器就是把液态钢水冷却出固态钢坯的部件,它是由一个内部不断通冷却水的金属外壳组成,这个不断输送冷却水的外壳把与之相接触的钢水冷却成固态。另一方面,结晶器的形状还决定了连铸出的钢坯外形,如果结晶器的横截面是长方形,连铸出的钢坯将是薄板坯;而正方形形状的结晶器横截面拉出的钢坯将是长条形,即方坯。

　　与结晶器相连的部件是振动机构,该机构在生产过程中通过不断地振动带动结晶器一同振动,以排除液态金属中的气体,帮助凝结成固态外壳的钢坯从下方拉出。

　　(3)引锭杆与拉矫机

　　引锭杆在连铸机刚开始生产时起拉动第一块钢坯的作用。液态钢水在结晶器中凝结之后,引锭杆将钢坯从下方拉出,同时拉开连铸生产的序幕。

　　在拉出钢坯之后,第一个经过的区域是二次冷却器,在二次冷却器中向钢坯喷射冷却水,将钢坯逐渐从外表冷却到中心,沿着辊道进入拉矫机。

　　拉矫机的作用是将连铸坯拉直,以便于下一步工序的进行。

　　拉矫机的后方是切割机。对于生产出不同形状的钢坯,使用的切割机也就不同。连铸薄板坯大多用大型飞剪,而条状坯则多使用与钢坯同步前进的火焰切割机。

　　4. 优越特性

　　连铸技术发展迅速,它与传统的钢锭模浇铸相比具有较大的技术经济优越性,主要表现在以下几个方面:

　　(1)简化生产工序

　　由于连铸可以省去初轧开坯工序,不仅节约了均热炉加热的能耗,而且也缩短了从钢水到成坯的时间。近年来连铸的主要发展之一就是浇铸接近成品断面尺寸铸坯的趋势,这将会简化轧钢的工序。

　　(2)提高金属的收得率

　　采用钢锭模浇铸从钢水到成坯的收得率是 84%～88%,而连铸为 95%～96%,因此采用连铸工艺可节约 7%～12% 的金属,这是一个相当可观的数字。日本钢铁工业在世界上之所以有竞争力,其重要原因之一就是在钢铁工业中大规模采用连铸。对于成本昂贵的特殊钢、不锈钢,采用连铸法进行浇铸,其经济价值就更大。武汉钢铁公司第二炼钢厂用连铸代替模铸后,每吨钢坯成本降低约 170 元,按年产量 800 万吨计算,每年可收益约 13.5 亿元。由此可见,提高金属收得率,简化生产工序将会获得可观的经济效益。

　　(3)节约能量消耗

　　据有关资料介绍,生产 1 吨连铸坯比模铸开坯省能 627 kJ～1046 kJ,相当于 21.4 kg～35.7 kg 标准煤,再加上提高成材率所节约的能耗大于 100 kg 标准煤。按我国目前能耗水平测算,每吨连铸坯综合节能约为 130 kg 标准煤。

　　(4)改善劳动条件,易于实现自动化

　　近年来,随着科学技术的发展,自动化水平的提高,电子计算机也用于连铸生产的控制,除浇钢开浇操作外,全部都由计算机控制,将操作工人从繁重的体力劳动中解放出来。例如我国宝钢的板坯连铸机,其整个生产系统采用 5 台 PFU - 1500 型计算机进行在线控制,具有切割长度计算,压缩浇铸控制、电磁搅拌设定、结晶器在线调宽、质量管理、二冷水控制、过程数据收集、铸坯、跟踪、精整作业线选 5 择、火焰清理、铸坯打印标号和称重及各种报表打印等 31 项控制功能。

　　(5)铸坯质量好

　　由于连铸冷却速度快、连续拉坯、浇铸条件可控、稳定,因此铸坯内部组织均匀、致密、偏析少、性能也稳定。用连铸坯轧成的板材,横向性能优于模铸,深冲性能也好,其他性能指标也优于模铸。近年来采用连铸已能生产表面无缺陷的铸坯,直接热送轧成钢材。

3.3　金属铸造

　　金属铸造是将金属熔炼成符合一定要求的液体并浇进铸型里,经冷却凝固、清整处理后得到有预定形状、尺寸和性能的铸件的工艺过程。铸造毛坯因近乎成形,而达到免机械加工或少量加工的目的,降低了成本并在一定程度上减少了时间。铸造是现代机械制造工业的基础工艺之一。图 3-6 为金属铸造零件图。

　　铸造方法分为两类:砂型铸造和特种铸造。在砂型中生产铸件的方法称为砂型铸造;与砂型铸造不同的其他铸造方法称为特种铸造,例如:熔模铸造、离心铸造、消失模铸造等。

　　铸造方法的优点是能制成形状复杂、重量几乎不受限制的各类零件。广泛用于制造机器零件,也常用于制造生活用品和艺术品。

　　现代铸造已在国防科技工业和其他机器制造业中得到普遍应用。铸造工艺正向着优质、精密、高效和专业化的方向发展,例如定向凝固的涡轮叶片和半固态金属铸造的军械零件等。

图 3-6　金属铸造零件图

　　金属铸造有如下优点:

　　(1)金属铸造冷却速度较快,铸件组织较致密,可进行热处理强化,力学性能比砂型铸造高 15% 左右。

　　(2)金属铸造的铸件质量稳定,表面粗糙度优于砂型铸造,废品率低。

　　(3)劳动条件好,生产率高,工人易于掌握。

　　金属铸造有如下缺点:

　　(1)金属导热系数大,充型能力差。

　　(2)金属铸造本身无透气性,必须采取相应措施才能有效排气。

　　(3)金属铸造无退让性,易在凝固时产生裂纹和变形。

3.3.1　砂型铸造

　　砂型铸造俗称"翻砂",是用型砂制成的铸型进行铸造的古老方法,砂型铸造过程如图 3-7 所示。砂型铸造的适应性很广,小件、大件,简单件、复杂件,单件、大批量都可采用。砂型比金属型耐火度更高,因而如铜合金和黑色金属等熔点较高的材料也多采用这种工艺。

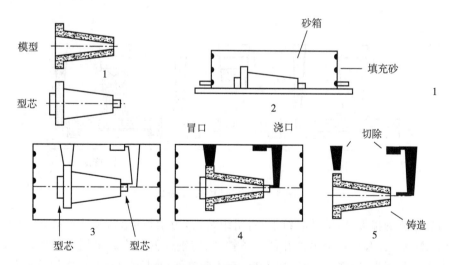

图 3-7　砂型铸造过程示意图

　　砂型铸造用的模具,一般用木材制作,通称木模。为了提高尺寸精度较高,也常使用寿命较长的铝合金模具或树脂模具。虽然价格有所提高,但仍比金属型铸造用的模具便宜得

多,在小批量及大件生产中,价格优势尤为突出。铸造过程如下:

(1)制造铸模,用木材或金属制成与铸件外形基本相同的铸模。

(2)造型,将铸模及浇铸系统、金属补缩冒口等放在砂箱或筑成的地坑内;用砂子、黏土和水混合而成的具有一定性能的型砂装填在砂箱内,将铸模全部覆盖住,经手工或机械方法使砂箱内的型砂紧实;取出铸模、浇铸信道及金属补缩冒口等,得到具有铸件外形的铸型。

(3)制芯,用砂子、黏土或植物油、谷类、纸浆、合脂、糖等以及水混合成具有一定性能的芯砂,将其装填在具有铸件内腔表面形状的模型即芯盒内;紧实,拆除芯盒,得到其有内腔表面的型芯,经烘干即成。制成的型芯是为了获得铸件的内腔。型芯外伸部分叫芯头,具有定位和支撑芯子的作用。

(4)合箱浇铸,将型芯装配到铸型型腔内,浇入熔融金属。

(5)落砂、清理,金属凝固后,去掉铸型、型芯及浇道等,即得铸件。

砂型铸造不受零件形状、尺寸、重量等限制,设备简单,成本低,但劳动强度大,铸件尺寸精度不高,表面粗糙度值大,多用于一般钢、铁、铝、镁合金等铸造。

3.3.2 金属型铸造

金属型铸造通常指用金属铸型的铸造方法。又称"硬模铸造"或"钢模铸造",简称"金型铸造"。铸型用金属材料制成,型腔内表面涂覆涂料,装配型芯,浇入熔融金属液,凝固后开型即可获得铸件,如图3-8所示。金属型可长期使用,故又名"永久型铸造"。

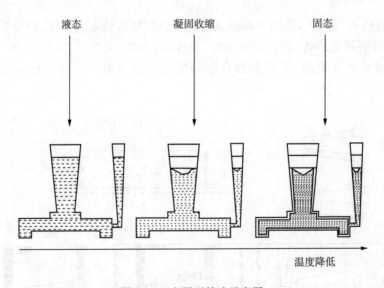

图3-8 金属型铸造示意图

金属型铸造的优点是:铸件晶粒细小,组织致密,力学性能高,尺寸精确,表面光洁。广泛用于铝、镁、铜、锌有色合金铸件和部分铸铁件、铸钢件的生产。采用金属型铸造时,必须综合考虑下列各因素:制造周期长、成本高,不适合单件、小批生产;不适宜铸造形状复杂(尤其是内腔)、薄壁和大型铸件(金属型的模具受模具材料尺寸和型腔加工设备、铸造设备能力的限制,所以金属型不适合于特别大的铸件生产)模具费比砂型贵,比压铸便宜。

3.3.3　熔模铸造

熔模铸造又称"失蜡铸造",包括压蜡、修蜡、组树、沾浆、熔蜡、浇铸金属液及后处理等工序。将熔模(经加热可以熔失的铸模)和浇注系统(浇铸零件时液体金属充填型腔所流经的信道系统与储存部分,它通常由浇口杯、直浇道、横浇道、内浇道等单元组成)焊成一体的模组,其上涂覆多层或一次灌注耐高温的陶瓷料浆,固化干燥后,结成铸型。铸型经高温焙烧,使熔模熔化流出,注入液态金属,冷却后即得铸件。

熔模铸件的形状一般都比较复杂,铸件上可铸出孔的最小直径可达 0.5 mm,铸件的最小壁厚为 0.3 mm。在生产中可将一些原来由几个零件组合而成的部件,通过改变零件的结构,设计成为整体零件而直接由熔模铸造铸出,以节省加工工时和金属材料的消耗,使零件结构更为合理。

熔模铸件的质量大多为几克到十几千克,一般不超过 25 kg,太重的铸件用熔模铸造法生产较为麻烦。

熔模铸造工艺过程较复杂,且不易控制,使用和消耗的材料较贵,故它适用于生产形状复杂、精度要求高或很难进行其他加工的小型零件,如涡轮发动机的叶片(图 3 - 9)等。

图 3 - 9　涡轮发动机的叶片示意图

3.3.4　离心铸造

离心铸造是将液体金属注入高速旋转的铸型内,使金属液做离心运动充满铸型和形成铸件的技术和方法。由于离心运动使液体金属在径向能很好地充满铸型并形成铸件的自由表面,不用型芯能获得圆柱形的内孔,有助于液体金属中气体和夹杂物的排除并影响金属的结晶过程,从而改善铸件的机械性能和物理性能,原理如图 3 - 10 所示。

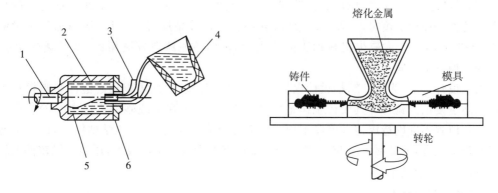

1—旋转轴;2—铸型;3—浇筑槽;4—浇包;5—铸型中的金属溶液;6—铸型端盖
图 3 - 10　离心铸造原理

离心铸造适用于圆管状铸件,例如铸铁管、气缸套、轴瓦、陀螺与电动机转子等。不规则形状的铸件,如曲轴也可以铸造。铸铁、钢、铝、黄铜和青铜均适用于离心铸造。在航空工业中,采用熔模精密铸造离心浇注已可生产涡轮整体铸件。

3.3.5　消失模铸造

消失模铸造(又称实型铸造)是将与铸件尺寸形状相似的石蜡或泡沫模型粘结组合成模型簇,刷涂耐火涂料并烘干后,埋在干石英砂中振动造型,在负压下浇注,使模型气化,液体金属占据模型位置,凝固冷却后形成铸件的新型铸造方法,如图3-11所示。

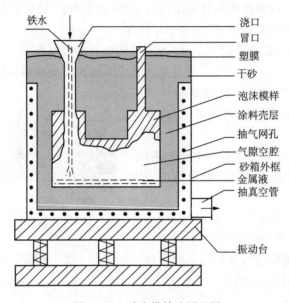

图3-11　消失模铸造原理图

生产原理:该法按EPC工艺先制成泡塑模型,涂挂特制涂料,干燥后置于特制砂箱中,填入干砂,三维振动紧实,抽真空状态下浇铸,模型气化消失。金属置换模型,复制出与泡塑模一样的铸件,冷凝后释放真空,从松散的砂中取出铸件,进行下一个循环。

消失模铸造是一种近无余量、精确成型的新工艺,其铸件精度高。该工艺无需取模、无分型面、无砂芯,因而铸件没有飞边、毛刺和拔模斜度,并减少了由于型芯组合而造成的尺寸误差。铸件表面粗糙度可达$Ra3.2\sim12.5\,\mu m$;铸件尺寸精度可达CT7至9;加工余量最多为1.5~2 mm,可大大减少机械加工的费用,和传统砂型铸造方法相比,可以减少40%~50%的机械加工时间。

由于设计灵活,为铸件结构设计提供了充分的自由度,因此可以通过泡沫塑料模片组合铸造出高度复杂的铸件。其无传统铸造中的砂芯,不会出现传统砂型铸造中因砂芯尺寸不准或下芯位置不准确造成铸件壁厚不均。铸造过程清洁,型砂中无化学粘结剂,低温下泡沫塑料对环境无害,旧砂回收率95%以上。不仅可降低投资和生产成本,还能减轻铸件毛坯的重量,机械加工余量小。

3.3.6　凝壳铸造

凝壳铸造是以自耗电极作为负极,盆状水冷铜坩埚作为正极,在真空条件下借助电弧产生的高温使自耗电极逐渐熔化,滴落到水冷铜坩埚内形成金属熔池,由于坩埚的激冷而凝成一层合金薄壳。当坩埚中的金属熔液达到预定需要量后,立即翻转坩埚,注入与金属无反应的铸型内(如石墨等),获得铸件的方法。此方法可避免坩埚材料对熔融金属的污染,主要用于活性金属与难熔金属的熔炼和铸造。如图3-12所示为凝壳铸造炉。

图 3-12 凝壳铸造炉

3.4 金属焊接

金属焊接是一种连接金属的制造过程。焊接过程中,工件和焊料熔化或不熔化,形成材料直接的连接焊缝;或者说,金属焊接是通过一定的物理、化学过程,使被焊金属间达到原子(或分子)间结合的工艺手段。在这一过程中,通常还需要施加压力来接合焊件。焊接时,焊芯作为电极,被焊金属可以是同种金属或异种金属。焊接已成为一种最有效的金属连接方式,广泛应用于国防科技工业各部门。根据加热和加压方式的不同,通常将金属焊接方法分为熔焊、压焊和钎焊三大类。

焊接与其他连接方法相比:主要优点是节省材料、减轻结构重量、提高生产效率、降低成本、改善接头质量等。

3.4.1 熔焊

熔焊是在焊接过程中将工件接口加热至熔化状态,不加压力完成焊接的方法。熔焊时,热源将待焊两工件接口处迅速加热熔化,形成熔池。熔池随热源向前移动,冷却后形成连续焊缝而将两工件连接成为一体。

在熔焊过程中,如果大气与高温的熔池直接接触,大气中的氧就会氧化金属和各种合金元素。大气中的氮、水蒸气等进入熔池,还会在随后冷却过程中在焊缝中形成气孔、夹渣、裂纹等缺陷,降低焊缝的质量和性能。

常用的熔焊方法有:氧-乙炔气焊、电弧焊、电子束焊、激光焊和电渣焊等。

1. 电弧焊

电弧焊是指以电弧作为热源,利用空气放电的物理现象,将电能转换为焊接所需的热能和机械能,从而达到连接金属的目的。主要方法有焊条电弧焊、埋弧焊、气体保护焊等,它是应用最广泛、最重要的熔焊方法,占焊接生产总量的 60% 以上。焊条电弧焊是工业生产中应用最广泛的焊接方法,它的原理是利用电弧放电(俗称电弧燃烧)所产生的热量将焊条与工件互相熔化并在冷凝后形成焊缝,从而获得牢固接头的焊接过程。

电弧焊的电极可以是钨极,也可以是熔化极(焊丝等作电极);保护方式可以是惰性气体(如氩气)保护,也可以是非惰性气体(如 CO_2)保护,还可以采用埋弧焊保护方式;电源分直流、交流及脉冲电流;工艺可采用手动、半自动与全自动方式。因而电弧焊可分成很多种焊接方式,如钨极惰性气体保护电弧焊(TIG)、熔化金属极惰性气体保护电弧焊(MIG)、二氧化碳气体保护电弧焊、药芯焊丝气体保护电弧焊、熔化金属极活性气体保护电弧焊、热熔剂焊、等离子弧焊等。

手工钨极氩弧焊(图3-13)是电弧焊的典型代表。它是采用钨合金棒作为电极,利用从喷嘴流出的氩气,在电弧焊接的熔池周围,形成连续封闭的气流,以保护钨电极、焊丝和焊接熔池不被氧化的一种手工操作气体保护电弧焊。由于氩气是一种惰性气体,不与金属起化学反应,所以能充分保护金属熔池不被氧化。同时,氩气在高温时不溶于液态金属中,焊缝不易生成气孔。因此,氩气的保护作用是有效和可靠的,可以获得较高的焊缝质量。

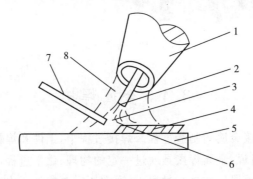

1—喷嘴;2—钨极;3—电弧;4—焊缝;5—工件;6—熔池;7—焊丝;8—氩气

图3-13　手工钨极氩弧焊示意图

2. 电子束焊

电子束焊接的基本原理是电子枪中的阴极由于直接或间接加热而发射电子,该电子在高压静电场的加速下再通过电磁场的聚焦就可以形成能量密度极高的电子束。用此电子束去轰击工件,巨大的动能转化为热能,使焊接处工件熔化,形成熔池,从而实现对工件的焊接,如图3-14所示。

电子束焊的特点是功率密度高,穿透能力强,焊接速度快,焊缝深宽比大,焊接接头强度高,变形小,热影响区小,易于自动控制,主要用于焊接结构钢、耐热钢、铝合金和一些难熔金属、易氧化金属。对薄至0.1 mm的膜盒,厚至300 mm的大型构件均可施焊。电子束焊接因具有不用焊条、不易氧化、工艺重复性好及热变形量小的优点而广泛应用于航空航天、原子能、国防及军工、汽车和电气电工仪表等众多行业。

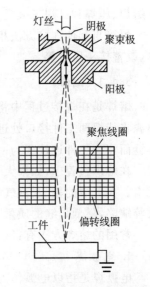

图3-14　电子束焊示意图

3.4.2　压焊

压焊是在加压条件下,使两工件在固态下实现原子间结合,又称固态焊接。常用的压焊工艺是电阻对焊,当电流通过两工件的连接端时,该处因电阻很大而温度上升,当加热至塑性状态时,在轴向压力作用下连接成为一体。

各种压焊方法的共同特点是在焊接过程中施加压力而不加填充材料。多数压焊方法如扩散焊、高频焊、冷压焊等都没有熔化过程,因而没有像熔焊那样的有益合金元素烧损,和有害元素侵入焊缝的问题,从而简化了焊接过程,也改善了焊接安全卫生条件。同时由于加热温度比熔焊低、加热时间短,因而热影响区小。许多难以用熔化焊焊接的材料,往往可以用压焊焊成与母材同等强度的优质接头。

在压焊过程中,连接处的金属不论加热与否都需要施加一定的压力,促使连接处原子(分子)间形成牢固的结合。常见的压焊方法有电阻焊、锻焊、接触焊、摩擦焊、气压焊等。其中电阻焊是指利用电流通过焊件及接触处产生的电阻热作为热源将焊件局部加热,同时加压进行焊接的方法。电阻焊焊接效率高、变形小,不需要焊剂和填充金属,各工业部门已广泛应用。电阻焊方法主要有四种,即点焊、缝焊、凸焊和对接焊。

1. 点焊

点焊是指焊接时利用柱状电极,在两块搭接工件接触面之间形成焊点的焊接方法。点焊时,先加压使工件紧密接触,随后接通电流,在电阻热的作用下工件接触处熔化,冷却后形成焊点,如图 3-15 所示。

点焊主要用于厚度 4 mm 以下的薄板构件冲压件焊接,特别适合汽车车身和车厢、飞机机身的焊接,但不能焊接有密封要求的容器。点焊时焊接变形小,焊接效率

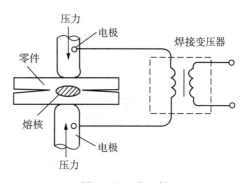

图 3-15　点　焊

高,每分钟可焊接 20~500 点,在机械制造、电器、汽车等工业部门也得到广泛应用。

2. 缝焊

缝焊是用一对滚盘电极代替点焊的圆柱形电极,与工件作相对运动,从而产生一个个熔核相互搭叠的密封焊缝的焊接方法,又称滚焊,如图 3-16 所示。缝焊广泛应用于油桶、罐

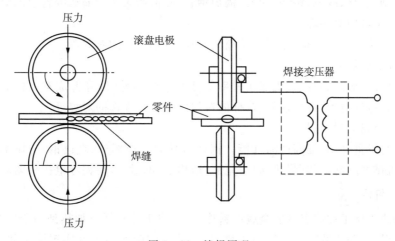

图 3-16　缝焊原理

头罐、暖气片、飞机和汽车油箱，以及喷气发动机、火箭、导弹中密封容器的薄板焊接。缝焊与电弧焊相比，具有变形小、生产效率高(为 0.2 m/min～3.2 m/min)等优点，在飞机、发动机、导弹及其他工业部门都有应用。

3. 凸焊

凸焊是在工件的贴合面上预先加工出一个或多个凸点，使其与另一工件表面相接触并通电加热，然后压塌，使这些接触点形成焊点的电阻焊方法。凸焊是点焊的一种变形。凸焊主要用于焊接低碳钢和低合金钢的冲压件，板件凸焊最适宜的厚度为 0.5～4 mm，小于 0.25 mm 时宜采用点焊。随着汽车工业的发展，高生产率的凸焊在汽车零部件制造中获得大量应用。凸焊在线材、管材等连接上也应用普遍。

4. 对接焊

对接焊也称对焊，是指将焊件分别置于两夹紧装置之间，使其端面对准，在接触处通电加热进行焊接的方法，如图 3-17 所示。

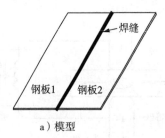
a) 模型

b) 成品

图 3-17　对接焊示意图

对接焊要求焊件接触处的截面尺寸、形状相同或相近，以保证焊件接触面加热均匀。由于过梁爆破时所产生的金属蒸气和金属微粒的强烈氧化，接口间隙中气体介质的含氧量减少，其氧化能力可降低，从而提高接头的质量。

其应用范围如下：

(1)工件的接长

例如带钢、型材、线材、钢筋、钢轨、锅炉钢管、石油和天然气输送等管道的对焊。

(2)环形工件的对接焊

例如汽车轮毂和自行车、摩托车轮圈的对焊、各种链环的对焊等。

(3)部件的组焊

将简单轧制、锻造、冲压或机加工件对焊成复杂的零件，以降低成本。例如汽车方向轴外壳和后桥壳体的对焊，各种连杆、拉杆的对焊以及特殊零件的对焊等。

(4)异种金属的对接焊

可以节约贵重金属，提高产品性能。例如刀具的工作部分(高速钢)与尾部(中碳钢)的对焊，内燃机排气阀的头部(耐热钢)与尾部(结构钢)的对焊，铝铜导电接头的对焊等。

3.4.3　钎焊

钎焊是使用比工件熔点低的金属材料作钎料，将工件和钎料加热到高于钎料熔点、低于工件熔点的温度，利用液态钎料润湿工件，填充接口间隙并与工件实现原子间的相互扩散，从而实现焊接的方法,如图 3-18 所示。与熔焊有相似之处,即靠金属的加热来促使金属间的结合。其根本差别是:钎焊必须充填一种比待焊金属熔点低的钎料,在钎焊过程中与焊件一同加热至钎料熔化(焊件本身不熔化),熔化的钎料在"毛细管作用"下流入连接面间的空隙,与固态被焊金属之间相互扩散或局部溶解,达到原子(分子)的结合,形成钎焊接头。钎焊通常是按所配钎料类别,相应地分成硬钎焊(配硬钎料,熔点在 450 ℃以上)和软钎焊(配软钎料,

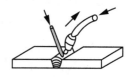

图 3-18　钎焊示意图

熔点低于 450 ℃)。常用的硬钎焊方法有:火焰钎焊、炉中钎焊、扩散钎焊、感应钎焊、电阻钎焊和浸蘸钎焊等;常用的软钎焊方法有:烙铁钎焊和波峰钎焊等。

　　与熔焊相比,钎焊的优点是:基体材料不熔化,部件变形小;热作用对钎焊金属性能损伤小,材料性能改变不明显;生产率高,易于实现自动化。此外,钎焊可一次加热连接具有大量接头的复杂结构,如蜂窝壁板、散热器等产品。

　　钎焊已在宇航、原子能工业、电子工业等方面广泛应用。例如在航空工业中用来钎焊燃烧室外套、压气机导向器、燃气导向器及其他零部件等。

3.4.4　堆焊

　　堆焊是用电焊或气焊法把金属熔化,堆在工具或机器零件上的焊接方法,如图 3-19 所示。通常用来修复磨损和崩裂部分。堆焊作为材料表面改性的一种经济而快速的工艺方法,越来越广泛地应用于各个工业部门零件的制造修复中。为了最有效地发挥堆焊层的作用,应采用的堆焊方法具有较小的母材稀释、较高的熔敷速度和优良的堆焊层性能,即优质、高效、低稀释率的堆焊技术。堆焊分类有冷焊堆焊、弧堆焊等。

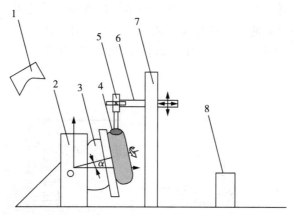

1—轮廓模板;2—变位机机座;3—变位机平台;4—堆焊工件;5—焊头;6—运动机架水平臂;7—运动机架升降台;8—控制柜

图 3-19　堆焊示意图

　　1. 耐磨材料等离子冷焊堆焊

　　冷焊堆焊技术是利用高频电火花放电原理,对工件进行无热堆焊,来修补金属工件的表面缺陷与磨损,能保证工件的完好性;也可以利用其强化功能对工件进行强化处理,实现工件的耐磨性、耐热性、耐蚀性等。冷焊堆焊设备对金属制品工件修补后不变形、不退火、溶接强度高、抗耐磨。可通过金相、拉伸及硬度测试,同时焊材与基体的冶金结合保证了焊接的牢固性。常用于精密铸件的针孔、毛刺、飞边、划伤、砂眼、裂纹等缺陷的修复与机械表面强化。

2. 弧堆焊

耐磨材料等离子弧堆焊技术是采用等离子弧堆焊方法,利用等离子弧的高温,电流密度大的特点,将高硬度质颗粒均匀地钎镶于堆焊层金属中,而硬质颗粒不产生熔化或很少产生熔化,形成复合堆焊层。这种复合堆焊层是由两种以上在宏观上具有不同性质的异种材料组成。一种是在堆焊层中起主要耐磨作用的碳化物硬质颗粒,一般为铸造碳化钨、碳化铬、碳化硼、烧结碳化钨等。从原则上讲各种碳化物、硼化物甚至硬度更高的金刚石都可以作为复合堆焊层的组成物。国内外工业上复合材料等离子弧堆焊应用焊接较多的硬质颗粒是铸造碳化钨,它是由共晶组成,硬度为250~300 HB。堆焊层的另一种组成金属是起“黏结”作用的基材金属,也称之为胎体金属,它是堆焊层中的基体。一般认为,硬质颗粒与胎体金属的结合是钎焊结合,堆焊层与母材的结合为冶金结合。

3.4.6　焊接接头

焊接接头是指两个或两个以上零件要用焊接组合的接点,或指两个或两个以上零件用焊接方法连接的接头,包括焊缝、熔合区和热影响区。熔焊的焊接接头是由高温热源进行局部加热而形成。焊接接头由焊缝金属、熔合区、热影响区和母材金属所组成。

焊缝区是在焊接接头横截面上测量的焊缝金属的区域。熔焊时,焊缝是指母材和填充金属熔合成一体的部分,或(不加填充金属时)母材熔化而又凝固的部分。电阻焊时,焊缝是指母材熔化而又凝固的部分。如图3-20中的1和2总称为焊缝区。

焊接热影响区是焊接过程中,母材因受热的影响(但未熔化)而发生金相组织和力学性能变化的区域(如图3-20中的4)。

焊接接头横截面宏观腐蚀所显示的焊缝轮廓线称为熔合线。它是焊缝金属与母材的分界线。实际的焊接边界应当是半熔化区与完全熔化的焊缝区的边界。但在许多情况下,利用浸蚀的粗视磨片观察到的修合线与实际的焊缝边界往往并不一致,观察到的是表观熔合线(即图3-20中3与4的交界线)。实际熔合线是在位于表观熔合线之外的地方(如图3-20的W1处所示)。

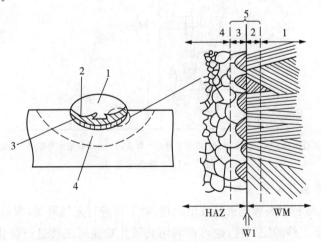

1—焊缝区(富焊条部分);2—焊缝区(富母材部分);3—半熔化区;4—真实热影响区;

5—熔合区;HAZ-热影响区;W1—实际熔合线;WM—焊缝金属

图3-20　焊缝区、热影响区和熔合线

　　金属焊接接头的主要作用是：连接作用，即把被焊工件连接成一个整体；传力作用，即传递被焊工件所承受的载荷。根据所采用的焊接方法，金属焊接接头可分为熔焊接头、钎焊接头和压焊接头三大类。根据接头的构造形式不同，金属焊接接头可分为对接接头、T 形（十字）接头、搭接接头、角接接头和端接接头五种基本类型，如图 3 - 21 所示。不同的焊接方法需选择适当的接头构造形式才能获得可靠而有效的连接。

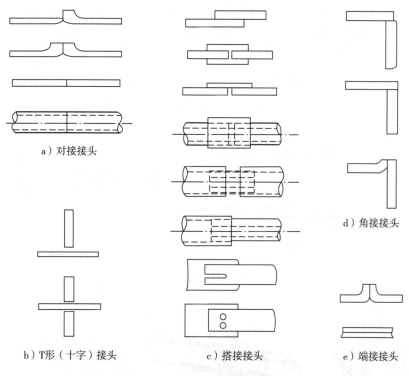

a）对接接头　　　　　　　　　　　　　　　　　　　　　　　d）角接接头

b）T 形（十字）接头　　　　c）搭接接头　　　　e）端接接头

图 3 - 21　焊接接头的基本类型

　　1. 熔焊接头

　　熔焊接头是指采用高温热源进行局部加热，使被焊金属熔化而形成的接头。除少数情形外，一般焊接时都需加入填充金属。熔焊接头如图 3 - 21 所示，应根据接头用途和受力情况选择最佳接头构造形式。

　　2. 钎焊接头

　　钎焊接头是指采用钎焊方法，即填充金属熔化而母材不熔化的方法形成的接头。钎焊接头由母材和填充金属组成。焊接接头构造形式可采用搭接接头、T 形接头、套接接头和对接接头等（图 3 - 22），但其基本类型可分为搭接接头和对接接头两种。由于钎焊连接强度大都低于母材强度，所以一般尽量采用搭接接头以增大钎焊连接面积，而对接接头则较少采用。

　　3. 压焊接头

　　压焊接头是指采用压焊方法形成的接头。点焊、滚点焊、凸焊和缝焊（图 3 - 23）一般采用搭接接头；高频电阻焊一般采用对接接头，闪光对焊（图 3 - 24）均采用对接接头。摩擦焊的基本接头形式通常也是对接接头（图 3 - 25）。扩散焊（图 3 - 26）的基本接头形式多为搭接。

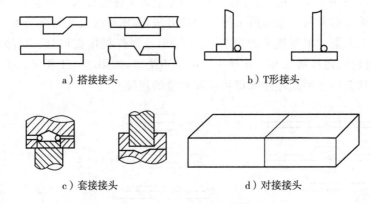

a）搭接接头   b）T形接头

c）套接接头   d）对接接头

图 3-22　钎焊接头类型

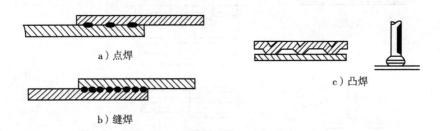

a）点焊

c）凸焊

b）缝焊

图 3-23　电阻焊搭接接头形式

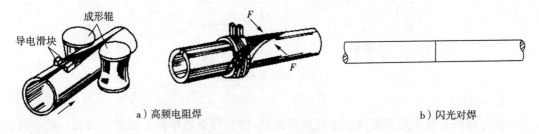

a）高频电阻焊   b）闪光对焊

图 3-24　电阻焊对接接头形式

图 3-25　摩擦焊对接接头   图 3-26　扩散焊对接接头

3.5　金属塑性加工

　　利用金属的塑性，使其改变形状、尺寸和改善性能，获得型材、棒材、板材、线材或锻压件的加工方法，称为金属塑性加工。或者说，金属塑性加工是利用固态金属的塑性，借助于工具对金属铸坯或锻轧坯施加外力，迫使其发生塑性变形以达到预期的形状和性能的加工过程。冶金厂冶炼出的钢、有色金属及其合金除很少数作为铸件外，95％以上都要浇铸成锭、块或连铸坯，经过塑性加工成为各种板、带、型材、棒、管、线、丝以及各种金属制品。在国防工业中,运载火箭、飞机、兵器、舰船、核工业等均离不开塑性加工。金属塑性加工方法可按加工时金属的温度及金属变形时的变形方式、变形工具和受力方式进行分类:

(1)根据加工时金属的温度,金属塑性加工主要区分为热加工、冷加工、半液态加工和温加工。

(2)根据金属变形时的变形方式、变形工具和受力方式的不同,应用最普遍的塑性加工类别有锻造、轧制、挤压、拉拔、冲压、冷弯、旋压和高能率加工等。

3.5.1　金属塑性加工分类

金属塑性加工是使金属在外力(通常是压力)作用下,产生塑性变形,获得所需形状尺寸和组织性能的制品的一种基本的金属加工技术,常称压力加工。金属塑性加工的种类很多,根据加工时工件的受力和变形方式,基本的塑性加工方法有锻造、轧制、挤压、拉拔、拉伸、弯曲、剪切等。

金属塑性加工方法可按加工时金属的温度及金属变形时的变形方式、变形工具和受力方式进行分类。

1. 根据加工时金属的温度分类

金属塑性加工主要区分为热加工、冷加工、半液态加工和温加工。

(1)热加工

热加工是在高于再结晶温度的条件下,使金属材料同时产生塑性变形和再结晶的加工方法。热加工通常包括铸造、锻造、焊接、热处理等工艺。热加工能使金属零件在成形的同时改善它的组织或者使已成形的零件改变既定状态以改善零件的机械性能。具有铸态组织的铸锭经热加工后晶粒得到细化,组织趋于致密,夹杂物和成分偏析得以分散和均匀化,因而组织结构得到改善,性能得到提高。金属在高温下变软,所需的变形力变小,用相同的力可以得到大的变形,以较少的工序即可得到成品或接近成品形状和尺寸的半成品。因此,热加工是经济的。但热加工产品的表面质量和尺寸精度不如冷加工,加工时材料的热量会传给工具和周围介质,使薄、细的制品容易冷却,使热加工不可能进行。

(2)冷加工

冷加工是指金属在低于再结晶温度进行塑性变形的加工工艺,如冷轧、冷拔、冷锻、冲压、冷挤压等。冷加工变形抗力大,在使金属成形的同时,可以利用加工硬化提高工件的硬度和强度。冷加工后的产品尺寸精度高,表面光洁,可以生产极细的丝、极薄的箔和细薄的管。材料经冷加工后呈现加工硬化,变形抗力增高,塑性下降。

(3)半液态加工

当金属的温度处于液相线以下和固相线以上时,即已有部分液态金属凝结为固态结晶时,对其施加作用力,使其边凝固边变形的加工方法,如半熔融挤压、连续铸轧、液态轧制等。与一般固态加工相比较,半液态加工可显著降低加工变形力和能耗,生产率比铸造高,可以得到内部结构致密的细晶粒组织和优良的表面质量等。

(4)温加工

是指将金属加热到再结晶温度以下而高于回复温度的加工方法,介于热加工和冷加工之间。对于变形抗力过大且塑性较低、冷加工变形非常困难的金属与合金,例如高速钢、某些奥氏体不锈钢、难熔金属及其合金等,采用温加工可以显著降低变形力,提高塑性,获得表面质量、尺寸精度与性能都接近于冷加工的优良产品。

2. 根据金属变形时的变形方式、变形工具和受力方式的不同分类

应用最普遍的金属塑性加工类别有锻造、轧制、挤压、拉拔、冲压、冷弯、旋压和高能率加工等,见表 3-1 所列。

表 3-1　金属塑性加工类别

基本塑性变形方式					
基本受力方式	压力				
分类和名称	锻造			轧制		
	自由锻造		模锻	纵轧	横轧	斜轧
	镦粗	拔长				
图例						

基本塑性变形方式					
基本受力方式	压力		拉力	弯矩	剪力
分类和名称	挤压		拉拔	冲压	拉伸成形	弯曲	剪切
	正挤压	反挤压					
图例						

基本塑性变形方式				
组合方式	锻造-轧制	轧-挤压	拉拔-轧制	轧制-弯曲	轧制-剪切
名称	锻轧	推轧	拔轧	辗弯	异步轧制
图例					

3.5.2　锻造

锻造是一种利用锻压机械对金属坯料施加压力,使其产生塑性变形以获得具有一定机械性能、一定形状和尺寸锻件的加工方法,是锻压(锻造与冲压)的两大组成部分之一。通过锻造能消除金属在冶炼过程中产生的铸态疏松等缺陷,优化微观组织结构,同时由于保存了完整的金属流线,锻件的机械性能一般优于同样材料的铸件。相关机械中负载高、工作条件严峻的重要零件,除形状较简单的可用轧制的板材、型材或焊接件外,多采用锻件。锻造前需对金属进行加热,提高塑性。锻造用料主要是各种成分的碳素钢和合金钢,其次是铝、镁、铜、钛等及其合金。

锻造根据锻造温度,可以分为热锻、温锻和冷锻。

热锻是指在金属再结晶温度以上进行的锻造工艺。热锻能减少金属的变形抗力,从而减少金属坯料变形所需的锻压力,使锻压设备吨位大为减少;还能改变钢锭的铸态结构,并减少铸态结构的缺陷,提高钢的机械性能。热锻一般适用于室温下变形抗力较大、塑性较差的一类金属材料。

冷锻是指在金属再结晶温度以下进行的锻造工艺。生产中习惯把不加热金属毛坯进行的锻造称为冷锻。冷锻可以避免金属加热出现的缺陷,获得较高的精度和表面质量,并能提高工件的强度和硬度。但冷锻变形抗力大,需用较大吨位的设备,多次变形时需增加再结晶退火和其他辅助工序。目前冷锻主要局限于低碳钢、有色金属及其合金的薄件及小件加工。用于大多数行业的锻件都是热锻。温锻和冷锻主要用于汽车、通用机械等零件的锻造,温锻和冷锻可以有效地节材。

温锻介于热锻和冷锻之间,是指再结晶温度左右进行的锻造工艺。与热锻相比,坯料氧化脱碳少,有利于提高工件的精度和表面质量;与冷锻相比,变形抗力减小、塑性增加,一般不需要预先退火、表面处理和工序间退火。温锻适用于变形抗力大、冷变形强化敏感的高碳钢、中高合金钢、轴承钢、不锈钢等。除此之外还有等温锻,在锻造过程中,温度保持恒定不变的锻造方法称为等温锻。

1. 锻造按使用工具和设备分类

（1）自由锻

只用简单的通用性工具或在锻造设备的上、下砧间直接使坯料变形而获得所需的几何形状及内部质量锻件的方法,称为自由锻,如图 3－27 所示。自由锻分为手工自由锻、锤上自由锻和压力机上自由锻。自由锻适用于单件小批量生产,灵活性大。某些合金钢和钛合金的开坯以及大型锻件的锻造都必须采用自由锻。

自由锻的特点及应用:自由锻不用专用模具,设备及工具简单,适应性强;锻件尺寸精度低,加工余量大,形状简单,是大型锻件的唯一锻造方法。自由锻适用于大型锻件单件、小批量生产。

自由锻可分为手工自由锻和机器自由锻,其中机器自由锻包括锻锤自由锻和液压机自由锻。

① 锻锤自由锻:利用冲击力使坯料产生变形。常用设备:空气锤,小型锻件 150 公斤以下;蒸汽-空气锤,中型锻件小于 1500 公斤。

② 液压机自由锻:利用静压力使坯料变形。常用设备:水压机,适用于大型锻件。吨位

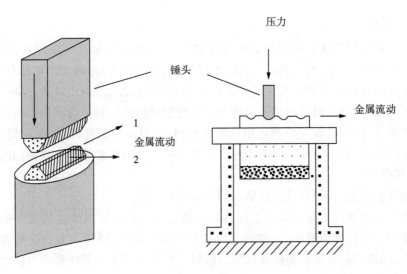

图 3-27　自由锻示意图

表示方法：工作液体产生的压力。

自由锻的工序分为基本工序、辅助工序和修整工序 3 种。

①　基本工序：用来改变坯料的形状和尺寸的工序。包括：镦粗、拔长、冲孔、弯曲、扭转、错移等。镦粗是使坯料高度减小而横截面增大的锻造工序，若使坯料局部截面增大则称为局部镦粗。镦粗时，坯料端面应平整并与轴线垂直。拔长是指使横截面积减小，长度增长的锻造工序。拔长是决定大锻件质量的主要锻造工艺。

②　辅助工序：为基本工序操作方便而进行的预变形工序。包括：压钳把、压肩等。

③　修整工序：用来减少锻件表面缺陷的工序。包括：校正、滚圆、平整等。

（2）模锻

利用模具使毛坯变形而获得锻件的锻造方法称为模锻。或者说，模锻是把模具分别装在锻压设备的活动部分（锤头）和固定砧块上进行的锻造加工，如图 3-28 所示。

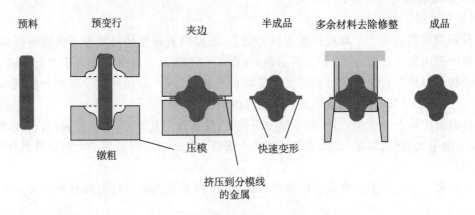

图 3-28　模锻示意图

模锻按使用的设备不同分为：锤上模锻、压力机上模锻、胎模锻等。

　　① 锤上模锻:锤上模锻所用设备为蒸汽-空气锤和高速锤等,由它产生的冲击力使金属变形。模锻锤的吨位(落下部分的重量)为 1 t～16 t。

　　② 压力机上模锻:行程不固定,滑块速度较慢,适用于塑性稍差的合金材料。设备有顶料装置,可采用组合模具,偏心承载能力差,适用于单膛模锻。

　　③ 胎模锻:是在自由锻设备上使用胎模生产模锻件的工艺方法。胎模锻一般采用自由锻方法制坯,然后在胎模中成形。

　　随着工业技术的发展,模锻技术也在不断发展,出现了精密模锻、等温模锻、多向模锻、液态模锻、高速模锻和粉末模锻等。

　　模锻的特点及应用:模锻锻件的尺寸和精度比较高,加工余量较小,材料利用率高;可以锻造形状较复杂的锻件;劳动强度低,生产率较高;操作简单,易于实现机械化和自动化。模锻适合于中小型锻件的大批量生产。

　　2. 按形状分类

　　用锻造方法生产的金属制件称为锻件,锻件因锻造方法的不同分为自由锻件和模锻件。一般按照锻件外形和模锻时毛坯的轴线方向,模锻件分成长轴类和饼类(短轴类)两大类。

　　(1)长轴类锻件

　　长轴类锻件的长度同宽度或高度的尺寸比例较大。模锻时,坯料的轴线方向与打击方向垂直。根据锻件平面图轴线形状和分模线的特征,长轴类锻件可分为 4 组(表3-2):直长轴线锻件、弯曲轴线锻件、枝芽形锻件和芽叉形锻件。

　　(2)饼类锻件

　　饼类锻件在分模面上的投影为圆形、长宽尺寸相差不大的方形或近似方形。模锻时,坯料轴线方向和打击方向相同,金属沿高度和宽度方向同时流动。饼类锻件分为 2 组(表3-2):简单形状锻件,如饼、盘、环和齿圈等;复杂形状锻件,如十字接头等形状的锻件。

表 3-2 　 模锻件的分类

类别	组别	锻件图例
长轴类	直长轴线	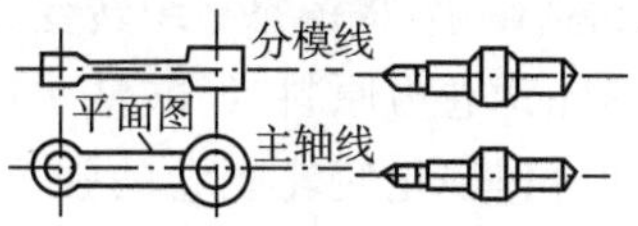
	弯曲轴线	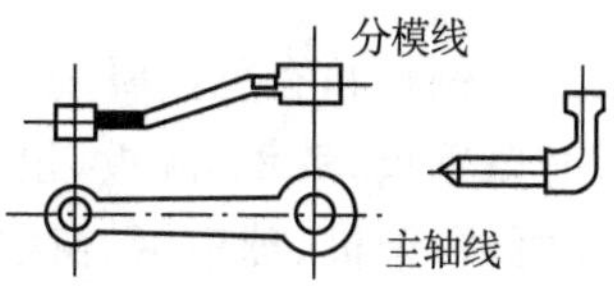
	枝芽型	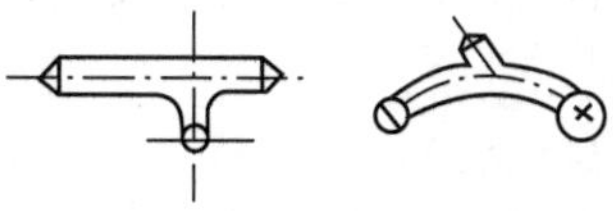
	芽叉型	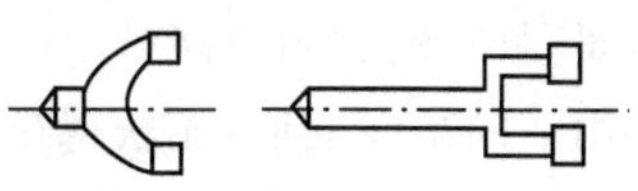

（续表）

类别	组别	锻件图例	
饼类	简单形状		
	复杂形状		

3.5.3　轧制

轧制是将金属坯料通过一对旋转轧辊
的间隙，因受轧辊的压缩使材料截面减小，
长度增加的压力加工方法，这是生产钢材最
常用的生产方式，主要用来生产型材、板材、
管材，如图 3-29 所示。轧钢方法按轧制温
度不同可分为热轧与冷轧；按轧制时轧件与
轧辊的相对运动关系不同可分为纵轧，横轧
和斜轧；按轧制产品的成型特点还可分为一

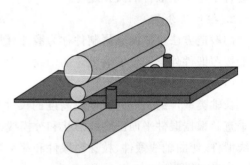

图 3-29　轧制示意图

般轧制和特殊轧制。周期轧制，旋压轧制，弯曲成型等都属于特殊轧制方法。

热轧是相对于冷轧而言的，冷轧是在再结晶温度以下进行的轧制，而热轧就是在再结晶温
度以上进行的轧制。简单来说，一块钢坯在加热后经过几道轧制，再切边，矫正成为钢板，这种
叫热轧。热轧时金属塑性高，变形抗力低，大大减少了金属变形的能量消耗，能显著降低能耗，
降低成本。热轧能改善金属及合金的加工工艺性能，即将铸造状态的粗大晶粒破碎，裂纹愈
合，减少或消除铸造缺陷，将铸态组织转变为变形组织，提高合金的加工性能。

冷轧是用热轧钢卷为原料，经酸洗去除氧化皮后进行冷连轧，其成品为轧硬卷，由于连
续冷变形引起的冷作硬化使轧硬卷的强度、硬度上升、韧塑指标下降，因此只能用于简单变
形的零件。

轧制是冶金生产钢材和有色金属制品的主要加工方法，钢材轧制系统如图 3-30 所示。
系统的主要产品有厚钢板、带钢、薄板、箔材，常用型钢如方钢、圆钢、扁钢、角钢、工字钢、槽
钢等，专用型钢如钢轨、钢桩、球扁钢、窗框钢等，异形断面型钢，周期断面型钢或特殊断面型
钢，钢管包括圆管、部分异型钢管及变断面管。有色金属材主要有板、带、箔材及各种管、棒、
型、线材。

轧制加工的特点：

（1）成形效率高，适于规模化生产；

（2）节约金属，材料的利用率高；

（3）压力作用下的塑性成形，能获得更致密的内部组织结构来确保其获得更高的性能；

（4）可获得较高的加工精度和工件强度；

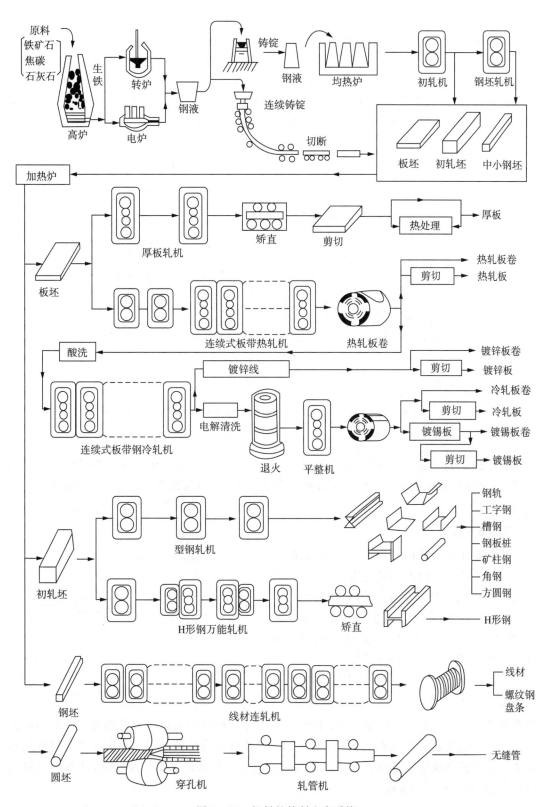

图 3-30　钢材的轧制生产系统

3.5.4　挤压

挤压是用挤压杆将放在挤压筒中的坯料压出挤压模孔而成形的金属塑性加工方法。如图 3-31 所示,金属坯料置于凹模内,用凸模(挤压杆)对坯料施加压力,迫使金属由凹模端部的模孔中挤出,从而获得各种截面形状的实心或空心制品。挤压多用于生产有色金属及合金的棒材、复杂断面型材和管材、高合金钢材和低塑性合金材。冷挤压也用于生产机械零件。挤压时金属坯料受到三向压应力,有利于低塑性金属变形。

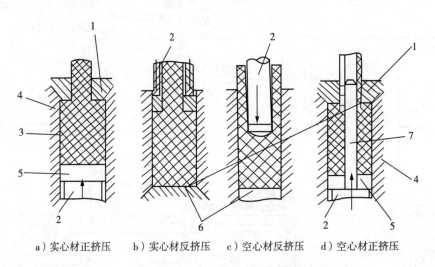

a) 实心材正挤压　　b) 实心材反挤压　　c) 空心材反挤压　　d) 空心材正挤压

1—挤压模;2—挤压杆;3—坯料;4—挤压筒;5—挤压垫;6—底封盖;7—穿孔针

图 3-31　挤压方法示意图

挤压按工艺方法有正挤压、反挤压和连续挤压等。挤压按金属流动及变形特征可分为正挤压、反挤压和特殊挤压。按挤压温度可分为热挤压、温挤压和冷挤压;冶金系统主要应用热挤压(即通称的挤压),机械工业系统主要应用冷挤压,温挤压应用范围很小。

3.5.5　拉拔

拉拔是用外力作用于被拉金属的前端,将金属坯料从小于坯料断面的模孔中拉出,以获得相应的形状和尺寸的制品的一种塑性加工方法,如图 3-32 所示。拉拔通常在室温下进行,属于冷加工。在高于室温、低于再结晶温度下的拉拔叫温拔,属于温加工。

拉拔是金属塑性加工方法中除轧制以外的主要加工方法,用于轧制产品如线材、管材

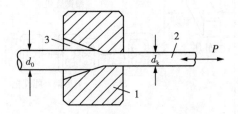

1—模子;2—拉拔的金属丝;3—模孔

图 3-32　拉拔方法示意图

和型材的深加工。多用于冷加工丝、棒和管材,可生产极细的金属丝和毛细管。产品表面光洁,尺寸精确,性能优良。直径小于 5 mm 的金属丝只能靠拉拔加工。小直径的管材常用热轧管经拉拔减径减壁生产冷轧成品。型材的拉拔在于提高产品的尺寸精度,降低表面粗糙度值,增加强度和节约金属。

拉拔的优点:尺寸精确,表面光洁;工具、设备简单;连续高速生产断面小的长制品。

拉拔的缺点：道次变形量与两次退火间的总变形量有限，长度受限制。

3.5.6　冲压

冲压是靠压力机和模具对板材、带材、管材和型材等施加外力，使之产生塑性变形或分离，从而获得所需形状和尺寸的工件（冲压件）的成形加工方法。冲压和锻造同属塑性加工（或称压力加工），合称锻压，冲压的坯料主要是热轧和冷轧的钢板和钢带。全世界的钢材中，有 $60\%\sim70\%$ 是板材，其中大部分经过冲压制成成品。汽车的车身、底盘、油箱、散热器片，锅炉的汽包，容器的壳体，电机、电器的铁芯硅钢片等都是冲压加工的。仪器仪表、家用电器、自行车、办公机械、生活器皿等产品中，也有大量冲压件。

冲压材料、模具和冲压设备是冲压加工的三要素。冲压按加工温度分为热冲压和冷冲压。前者适合变形抗力高，塑性较差的板料加工；后者则在室温下进行，是薄板常用的冲压方法。

冲压所使用的模具称为冲压模具，简称冲模。冲模是将材料（金属或非金属）批量加工成所需冲件的专用工具。冲模在冲压中至关重要，没有符合要求的冲模，批量冲压生产就难以进行；没有先进的冲模，先进的冲压工艺就无法实现。

冲压工艺过程包括薄板的选择、坯料设计、成形工序的制定、模具设计、模具制造、设备选择、成形操作、后续处理（热处理、校形、整修、表面保护、质量检验）等。

按成形时的受力和变形特点，成形方法可分为伸长类变形和压缩类变形两类；按基本成形方式划分为弯曲、拉延、胀形和翻边四类。

与机械加工及塑性加工的其它方法相比，冲压加工无论在技术方面还是经济方面都具有许多独特的优点。主要表现如下：

（1）冲压加工的生产效率高，且操作方便，易于实现机械化与自动化。这是因为冲压是依靠冲模和冲压设备来完成加工，普通压力机的行程次数为每分钟可达几十次，高速压力要每分钟可达数百次甚至千次以上，而且每次冲压行程就可能得到一个冲件。

（2）冲压时由于模具保证了冲压件的尺寸与形状精度，且一般不破坏冲压件的表面质量，而模具的寿命一般较长，所以冲压的质量稳定，互换性好，具有"一模一样"的特征。

（3）冲压可加工出尺寸范围较大、形状较复杂的零件，如小到钟表的秒针，大到汽车纵梁、覆盖件等，加上冲压时材料的冷变形硬化效应，冲压的强度和刚度均较高。

（4）冲压一般没有切屑碎料生成，材料的消耗较少，且不需其他加热设备，因而是一种省料，节能的加工方法，冲压件的成本较低。

冲压成形的各种零件如图 3-33。

图 3-33　冲压成形的各种零件

3.5.7 冷弯

常温下将金属板材经弯曲变形制成型材(或零件)和焊管管筒的金属塑性加工方法,如图 3-34 所示。广义的冷弯变形包括折弯、辊模弯曲、连续辊轧弯曲等。由于连续辊弯成形所生产的型材和焊管管筒产量大,产品定型,因此狭义的冷弯变形就是指这一种特定的弯曲变形。其产品称为冷弯型材,半成品即焊接管管筒。常用的冷弯型材用原料是低碳钢、铝、铜等板带材,此外还有不锈钢、钛金属、复合金属的板带。碳钢板带厚度为 0.15 mm~3.2 mm,铝板带厚为 0.13 mm~25.4 mm。冷弯分为从单张板材弯成单件型材的单张生产方式、以整卷带材为原料生产型材的成卷生产方式和以卷材为原料并将其头尾对焊在一起的连续生产方式。

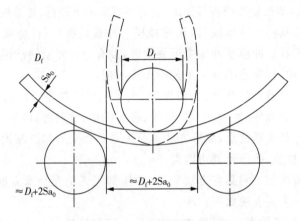

图 3-34　冷弯试验示意图

3.5.8 旋压

一种用于制作薄壁空心回转体件的金属塑性加工方法,如图 3-35 所示。旋压是将平板或空心坯料固定在旋压机的模具上,在坯料随机床主轴转动的同时,用旋轮或赶棒加压于坯料,使之产生局部的塑性变形。在旋轮的进给运动和坯料的旋转运动共同作用下,使局部的塑性变形逐步地扩展到坯料的全部表面,并紧贴于模具,完成零件的旋压加工。旋压是一种特殊的成形方法。旋压包括普通旋压和强力旋压(减壁旋压)两大类。用旋压方法可以完成各种形状旋转体的拉深、翻边、缩口、胀形和卷边等工艺。

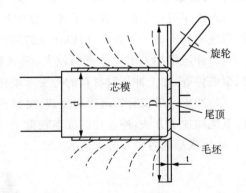

图 3-35　旋压工作原理图

3.5.9 高能率加工

高能率成形是靠能量的瞬间释放产生高压使金属塑性变形,用以制造工件的锻压成形技术。高能率成形技术是从 20 世纪 50 年代迅速发展起来的,其中有爆炸成形和电磁成形等。成形使用的能源可以是电能或化学能,通过气体或液体的传递转化为变形力。一般来说,高能率成形设备简单、能耗少、产品表面光洁、精度高,可改善材料的塑性及流动填充性能,完成一些常规方法难以实现的特殊工件成形。

1. 爆炸成型

这些方法中发展最快的方法就是爆炸成型,如图 3 - 36 所示,它用了两种常规方法。首先,金属薄板尺寸裁好或是已拉伸成型,将高能效炸药放在距离工件为已预先确定好的距离处,并引爆。由爆炸产生 4000000 PSI 的压力,由此产生高速高压的冲击波。通过液体介质的传递将能量传播到工件上产生瞬间塑性变形,从而形成工件所需形状。第二种方法是,用一套封闭模具和由慢燃推动剂或是气体混合物产生的大约为 4000 PSI 的低压力。这套系统对于膨胀操作来说非常有用。另一方面,相对于常规压力成型来说它存在大量优点。首要的是相对于常规压力设备来说它小,工具简单便宜,尺寸可改变,这点对常规设备来说是很难做到的;理论上的限制为生产周期长,因而此工序对于大批量生产不经济。有信息表明,爆炸成型能获得比常规压力成型更大的变形。

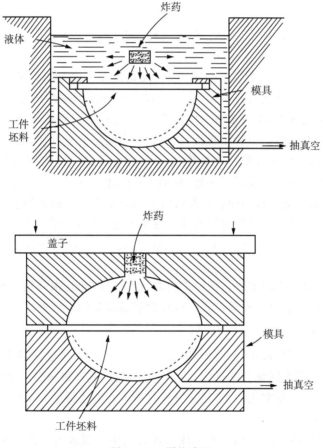

图 3 - 36　爆炸成型

2. 电磁成型

电磁成型类似的方法是基于电磁能的瞬间释放,如图 3 - 37 所示。一种方法是,当两个电极靠近工件,并浸没在水或空气中时,在它们之间产生火花,大电流通过一相对较小直径的导线放电,从而导致导体成型;另一方面,产生冲击波将能量传给工件。

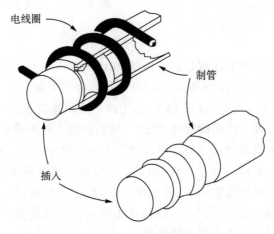

图 3 - 37　电磁成型

3.6　粉末冶金

粉末冶金是制取金属粉末或用金属粉末(或金属粉末与非金属粉末的混合物)作为原料,经过成形和烧结,制造金属材料、复合材料以及各种类型制品的工艺技术。粉末冶金法与生产陶瓷有相似的地方,均属于粉末烧结技术,因此一系列粉末冶金新技术也可用于陶瓷材料的制备。粉末冶金包括制粉和制品,其中制粉主要是冶金过程,而粉末冶金制品则远远超出材料和冶金的范畴,往往是跨多学科(材料和冶金,机械和力学等)的技术。

粉末冶金技术已被广泛应用于交通、机械、电子、航空航天、兵器、生物、新能源、信息和核工业等领域,成为新材料科学中最具发展活力的分支之一。粉末冶金技术具备显著节能、省材、性能优异、产品精度高且稳定性好等一系列优点,非常适合于大批量生产。由于粉末冶金技术的优点,它已成为解决新材料问题的钥匙,在新材料的发展中起着举足轻重的作用。

粉末冶金工艺最基本的工序包括粉末制取、粉末成形和粉末烧结。烧结的制品,可无需进一步的加工就能使用,也可根据需要进行各种烧结制品的后处理。

3.6.1　粉末制取

粉末制取的方法多种多样,大体上可归纳为两大类,即机械法和物理化学法。方法的实质是使金属、合金或者金属化合物呈固态、液态或气态,通过机械法或物理化学法转变成粉末状态。常用的机械法是雾化法,常用的物理化学方法有还原法和电解法。

1. 雾化制粉法

以快速运动的流体(雾化介质)冲击或其他方式将金属或合金液体破碎为细小液滴,继之冷凝为固体粉末的粉末制取方法。雾化法是生产完全合金化粉末的最好方法,其产品称为预合金粉。这种粉的每个颗粒不仅具有与既定熔融合金完全相同的均匀化学成分,而且由于快速凝固作用而细化了结晶结构,消除了第二相的宏观偏析。

(1)气雾化和水雾化法

雾化制粉时,先用电炉或感应炉将金属原料熔炼为成分合格的合金液体(一般过热

100 ℃～150 ℃），然后将其注入位于雾化喷嘴之上的中间包内。合金液由中间包底部漏眼流出，通过喷嘴时与高速气流或水流相遇被雾化为细小液滴，雾化液滴在封闭的雾化筒内快速凝固成合金粉末。上述方法易于工业化生产，是最广泛应用的雾化制粉法。但由于合金液与渣体和耐火材料接触，在制得的粉末中难免带入非金属夹杂物。

（2）旋转电极雾化制粉法

以金属或合金制成自耗电极，其端面受电弧加热而熔融为液体，通过电极高速旋转的离心力将液体抛出并粉碎为细小液滴，继之冷凝为粉末的制粉方法。其工作原理如图 3-38 所示。它在熔融和雾化金属过程中完全避免了造渣和与耐火材料接触，消除了非金属夹杂物污染源，可生产高结晶度的粉末。为了避免钨污染，可在钨电极处改用等离子炬，称为等离子旋转电极雾化制粉法（PREP）；若改用电子束熔融自耗电极，则称为电子束旋转盘雾化制粉法（EBRD）。

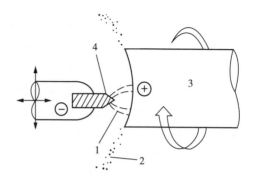

1—电弧；2—液滴；3—自耗电极；4—钨极

图 3-38　旋转电极制粉法原理

2. 还原法

还原法包括金属热还原制粉法和溶液-氢还原制粉法，是指使用金属或气体还原剂还原金属的氧化物或卤化物，以制取金属粉末的一种粉末制取方法。

3. 电解法

电解法包括水溶液电解制粉法和熔盐电解制粉法。前者是电解金属盐的水溶液而制取金属粉末，后者是高温下电解金属的熔盐制取金属粉末。两者的基本原理一致：在金属盐的水溶液或熔盐中通过直流电时，电解质发生电化学反应，金属阳离子移向阴极，得到电子而被还原，并在阴极沉积。电解法能获得高纯度的粉末。

3.6.2　粉末成形

粉末成形指使金属粉末体密实成具有一定形状、尺寸、密度和强度的坯块的工艺过程。粉末成形前一般要将金属粉末进行粉末预处理，包括退火、筛分、混合和制粒 4 种工艺，以符合成形的要求。混料时，一般须加入粉末成形添加剂。

粉末成形分为粉末压制成形和粉末特殊成形两大类。

1. 粉末压制成形

在压模中利用外加压力的粉末成形方法。压制成形过程包括装粉、压制和脱模。粉末压制成形法是应用最普遍的成形方法，主要用于各种含油轴承、粉末冶金减摩制品、粉末冶金机械结构零件等的压坯。

2. 粉末特殊成形

包括粉末冷等静压成形、粉末轧制成形、粉末挤压成形、粉浆浇铸、粉末爆炸成形、粉末喷射成形、金属粉末注射成形。主要用于对坯块的形状、尺寸和密度等有特殊要求的场合。

3.6.3　粉末烧结

粉末烧结指金属粉末或粉末压坯，在加热到低于主要成分熔点的温度，由于颗粒之间发生黏结等物理化学作用,得到所要求的强度和特性的材料或制品的工艺过程。烧结可使粉末成形的坯块由颗粒聚集体转变为晶体结合体的材料或制品。烧结一般要在保护气氛下,有时须加入一定量的填料,在高温烧结炉中进行。烧结有多种方法,其中热致密化工艺有粉末热等静压、粉末预成形件热锻等。

1. 粉末热等静压

在高温下对粉末或粉末压坯施以等静压力,将粉末烧结和等静压成形合并为一个工序的工艺,常简写为 HIP。HIP 的基本步骤是:①将粉末或粉末压坯装入包套(常用经过严格检漏的钢板焊接而成)中;②抽去吸附在粉末表面、粉末间空隙和包套内的气体;③将包套真空密封后置于有加热炉的压力容器中;④密封压力容器后泵入惰性气体(即传压介质,通常用氩气)至一定压力;然后升温到所需温度,因气体体积膨胀,容器内的压力也升至所需压力。在高温、高压共同作用下,完成成形和烧结。成型和烧结是在高温高压的共同作用下完成的,HIP 技术能获得晶粒细小,显微组织优良,接近理论密度,性能优良的产品,已经成为现代粉末冶金技术中制取大型复杂形状制品和高性能材料的先进工艺,广泛应用于硬质合金、金属陶瓷、粉末冶金高温合金材料、粉末冶金高速钢、粉末冶金不锈钢、粉末冶金钛合金、放射性物料、核燃料、粉末冶金锻等的成形和烧结。用 HIP 制造的镍基耐热合金涡轮盘、钛合金飞机零件、硬质合金轧辊、人造金刚石压机顶锤等,其性能和经济效果都是其他工艺无法比拟的。

2. 粉末预成形件热锻

将未烧结的、预烧的和已烧结过的金属粉末预成形坯加热后在闭式模中锻造成零件的工艺,简称粉末热锻。它是结合传统粉末冶金工艺和精密模锻的一种新工艺。粉末锻件的相对密度可达 98% 以上,且制件内部组织均匀,性能可接近甚至超过普通锻件。粉末热锻主要应用于各种铁基合金和锻钢、钛合金、铝合金、镍基高温合金等材料。

3.7　金属机械加工

机械加工一般指材料的切削和切割加工。即利用刀具在切削机床上(或用手工)将工件上多余材料切去,使它获得规定的尺寸、形状、所需精度和表面质量的方法。

传统的机械加工方法有车削、铣削、刨削和磨削等。随着工业的发展,机械加工的范畴也有所扩大。为解决难加工材料的加工,创造了不少特种加工方法。由于各种非金属材料在机械中的应用,所以也扩展到非金属材料的加工。数控加工工艺和计算机辅助加工等新技术的应用,已得到迅速发展。

国防科技工业中,机械加工占有较大的比重。由于武器装备和主导民用产品结构复杂、精度要求高、难加工材料的比重大。故在精加工、仿形和成形加工方面,对工艺方法、机床设备、刀具材料及几何参数、检测手段及其他工业装备等都有较高的要求。

3.7.1　金属切削工艺

金属切削加工是用刀具从工件上切除多余材料,从而获得形状、尺寸精度及表面质量等合乎要求的零件的加工过程。实现这一切削过程必须具备三个条件:工件与刀具之间要有相对运动,即切削运动;刀具材料必须具备一定的切削性能;刀具必须具有适合的几何参数,即切削角度等。

金属的切削加工过程是通过机床或手持工具来进行切削加工的,其主要方法有车、铣、刨、磨、钻、镗、齿轮加工、划线、锯、锉、刮、研、铰孔、攻螺纹、套螺纹等。其形式虽然多种多样,但它们有很多方面都有着共同的现象和规律,这些现象和规律是学习各种切削加工方法的共同基础。

1. 车削

工件旋转,车刀在平面内作直线或曲线移动的切削加工称为车削。车削一般在车床上进行,用以加工工件的内外圆柱面、端面、圆锥面,成形面和螺纹等。如图 3-39 所示是几种典型的车削方式。车削内外圆柱面时,车刀沿平行于工件旋转轴线的方向运动。车削端面或截断工件时,车刀沿垂直于工件旋转轴线的方向水平运动。如果车刀的运动轨迹与工件旋转轴线成一斜角,就能加工出圆锥面。车削成形的回转体表面,可采用成形刀具法或刀尖轨迹法。

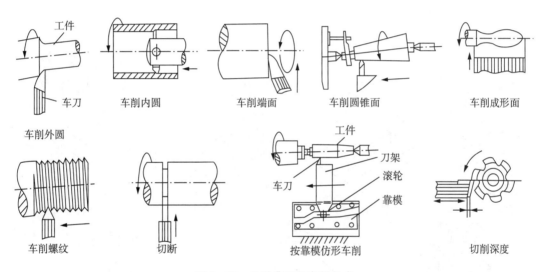

图 3-39　几种典型的车削方式

车削时,工件由机床主轴带动旋转作主运动,夹持在刀架上的车刀作进给运动。切削速度 v 是旋转的工件加工表面与车刀接触点处的线速度(m/min);背吃刀量是每一切削行程时工件待加工表面与已加工表面间的垂直距离(mm),但在切削和成形车削时则为垂直于进给方向的车刀与工件的接触长度(mm)。进给量表示工件每转一转时车刀沿进给方向的位移量,也可用车刀每分钟的进给量(mm/min)表示。用高速钢车刀车削普通钢材时,切削速度一般为 25 m/min～60 m/min,硬质合金车刀可达 80 m/min～200 m/min,用涂层硬质合金车刀时最高切削速度可达 300 m/min 以上。

车削一般分为粗车和精车(包括半精车)两类。粗车力求在不降低切削速度的条件下,采用大的背吃刀量和大进给量以提高车削效率。在高精度车床上用精细修磨的金刚石车刀高速精车有色金属件,可使加工表面粗糙度达到 $Ra0.01～0.04\ \mu m$,这种车削称为“镜面车削”。如果在金刚石车刀的切削刃上修磨出 0.1 mm～0.2 mm 的凹、凸形,则车削的表面会产生凹、凸极微而排列整齐的条纹,在光的衍射作用下呈现锦缎般的光泽,可作为装饰性表面,这种车削称为“虹面车削”。

车削加工时,如果在工件旋转的同时,车刀也以相应的转速比(刀具的转速一般为工件转速的几倍)与工件同向旋转,就可以改变车刀和工件的相对运动轨迹,加工出截面为多边形(三角形、方形、棱形和六边形等)的工件。如果在车刀纵向进给的同时,相对于工件每一转,给刀架附加一个周期性的往复运动,就可以加工凸轮或其他非圆形断面的零件表面。在铲齿车床上,按类似的工作原理,可加工某些多齿刀具(如成形铣刀、齿轮滚刀)刀齿的后刀面,称为"铲背"。

2. 铣削

铣削是指使用旋转的多刃刀具切削工件,是高效率的加工方法。工作时刀具旋转(作主运动),工件移动(作进给运动),工件也可以固定,但此时旋转的刀具还必须移动(同时完成主运动和进给运动)。铣削用的机床有卧式铣床或立式铣床,也有大型的龙门铣床。这些机床可以是普通机床,也可以是数控机床。用旋转的铣刀作为刀具的切削加工,铣削一般在铣床或镗床上进行,适于加工平面、沟槽、各种成形面(如花键、齿轮和螺纹)和模具的特殊形面等。如图 3-40 所示是几种常见的铣削加工方式。

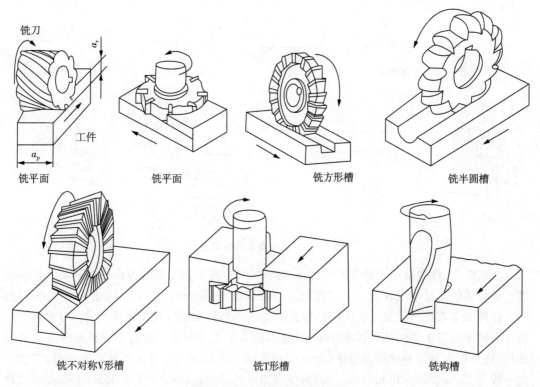

图 3-40　几种典型的铣削方式

切削速度 v(m/min)是铣刀刃的圆周速度。铣削进给有三种表示方式:每分钟进给量 v_f(mm/min)表示工件每分钟相对于铣刀的位移量;每转进给量 f(mm/r)表示在铣刀每转一转时与工件的相对位移量;每齿进给量 a_f(mm/齿)表示铣刀每转过一个刀齿的时间内工件的相对位移量。铣削深度 a_p(mm)是在平行于铣刀轴心线方向测量的铣刀与工件的接触长度,铣削切削弧深度 a_θ(mm)是垂直于铣刀轴心线方向测量的铣刀与工件接触弧的深度。用高速钢铣刀铣削中碳钢的铣削速度一般为 20 m/min～30 m/min;用硬质合金铣刀可达

60 m/min～70 m/min。

　　铣削一般分周铣和端铣两种方式。周铣(图 3-41)是用刀体圆周上的刀齿铣削,其周边刃起铣削作用,铣刀的轴线平行于工件的加工表面。端铣有三种方式(图 3-42)它是用刀体端面上的刀齿铣削,周边刃与端面刃同时起切削作用,铣刀的轴线垂直于一个加工表面。周铣和某些不对称的端铣又有逆铣和顺铣之分。凡刀刃切削方向与工件的进给运动方向相反的称为逆铣,方向一致的称为顺铣。逆铣时,铣刀每齿的切削厚度是从零逐渐增大,所以刀齿在开始切入时,将与铣削表面发生挤压和滑擦,这对铣刀寿命和铣削工件的表面质量有不利影响。顺铣时的情况正相反,所以顺铣能提高铣刀寿命和铣削表面质量,并能减小机床的功率消耗,但顺铣时铣刀所受的铣削冲击力较大。

　　铣刀是一种多齿刀具,同时参与切削的切削刃总长度较长,并可使用较高的切削速度,又无空行程,故在一般情况下铣削的生产率比用单刃刀具的切削加工(如刨削、插削)高,但铣刀的制造和刃磨较为困难。

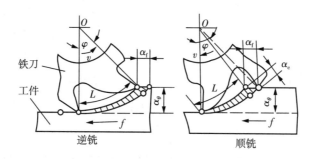

图 3-41　两种周铣方式图

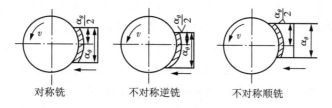

图 3-42　三种端铣方式

　　3. 刨削

　　刨削加工是用刨刀对工件作水平相对直线往复运动的切削加工方法,主要用于零件的外形加工。刨削可加工平面和沟槽,如果采用成形刨刀或加工仿形装置,也可以加工成形面。刨削可以在牛头刨床或龙门刨床上进行,如图 3-43 所示。前者刨刀作往复运动,每次回程后工件作间歇的进给运动,用于加工较小的零件;后者工件作往复运动,每次回程后刨刀作间歇的进给运动,用于加工较长较大的零件。

　　在刨削的每个行程中,刨刀切入工件时产生冲击,用硬质合金刨刀刨削钢和铸铁的切削速度一般不超过 60 m/min,高速钢刨刀不超过 40 m/min,且回程时刀具不参加切削,效率较低。因此刨削有被铣削、磨削和拉削代替的趋势。但刨刀制造简单,安装和调整方便,生产准备时间短,故在单件新小批生产中,刨削仍有一定的应用范围。

　　对精度要求高的铸铁件平面如导轨面和平板表面等,可在粗刨后留出 0.05 mm～

0.15 mm的余量,再在精度高的刨床上进行宽刀刨削。即用切削刃很宽和刃口很直并研磨到 Ra0.08～0.16 μm 的刨刀,以 2 m/min～8 m/min 的切削速度和 0.03 m/min～0.1 m/min的背吃刀量,同时用煤油作为切削液,从工件表面切去很薄一层金属,表面粗糙度可达到 Ra0.32～1.25 μm。

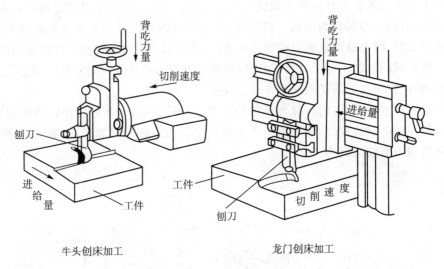

牛头刨床加工   龙门刨床加工

图 3-43 刨削示意图

4. 磨削

利用高速旋转的砂轮等磨具加工工件表面的切削加工称为磨削。磨削用于加工各种工件的内外圆柱面、圆锥面和平面,以及螺纹、齿轮和花键等特殊、复杂的成形表面。由于磨粒的硬度很高,磨具具有自锐性,磨削可以用于加工各种材料,包括淬硬钢、高强度合金钢、硬质合金、玻璃、陶瓷和大理石等高硬度金属和非金属材料。磨削速度是指砂轮线速度,一般为 30 m/s～35 m/s,超过 45 m/s 时称为高速磨削。磨削通常用于半精加工和精加工,表面粗糙度一般磨削为 Ra0.16～1.25 μm,精密磨削为 Ra0.04～0.16 μm,超精密磨削为 Ra0.01～0.04 μm,镜面磨削可达 0.01 μm 以下。磨削的金属切除率比一般切削小,故在加工时工件要求磨削前的加工余量仅 0.1 mm～1 mm或更小。随着缓进给磨削、高速磨削等高效率磨削的发展,已能从毛坯直接把零件磨削成形。也有用磨削作为荒加工的,如磨除铸件的浇冒口、锻件的飞边和钢锭的外皮等。

常见的磨削形式有外圆磨削、内圆磨削、平面磨削、无心磨削(图 3-44)和其他特殊形式的磨削。

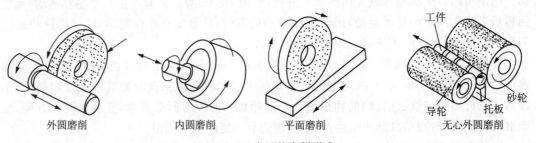

外圆磨削   内圆磨削   平面磨削   无心外圆磨削

图 3-44 常见的磨削形式

外圆磨削主要在外圆磨床上进行,用以磨削轴类工件的外圆柱、外圆锥和轴肩端面;内圆磨削主要用于在内圆磨床、万能磨床和坐标磨床上磨削工件的圆柱孔、圆锥孔和孔端面;平面磨削主要用于在平面磨床上磨削平面、沟槽等;无心磨削一般在无心磨床上进行,用以磨削工件外圆,无心磨削也可用于磨削内圆。

特殊形式的磨削有用于磨削特定零件的,如在磨齿机上磨削齿轮,在螺纹磨床上磨削螺纹等。此外,还有砂带磨削、砂线磨削,以及与电加工相结合的电火花磨削和电解磨削等。

3.7.2　切割加工

随着现代冶金、机械加工行业地发展,材料产品对切割的质量、精度要求的不断提高,对提高生产效率、降低生产成本、具有高智能化的自动切割功能的要求也在提升。常见的切割加工有电火花切割、火焰切割、摩擦锯切等。

1. 电火花切割

电火花加工(EDM)理论依据是如果两个带电导体相互靠近,当距离足够近以致电压能够击穿这两个导体之间的介质时,它们之间就会产生电火花。电火花的高温使导体间的气体电离,形成良导体。电弧焊就是利用这一现象在电极(焊条)与工件间产生一定长度的电弧。当使用交流电时,在某一极短时间内甚至会产生电压,这种电离形成的良导体在电弧焊中是有用的,但是在电火花切割中却是必须避免的。因为电火花会维持在同一个位置上,直到电流消失为止。

电火花加工需要间歇性的直流电,且电极用绝缘油相互隔开。图 3 - 45 是放电加工电路示意图。直流电源给加在与电极相连的电容充电,电极之间的距离为 0.025 mm,当电压达到 25 V～100 V 时就会产生放电现象,放电电压与绝缘油和电极材料的性质有关,电火花将会产生在两电极之间相距最近的部位,对于这种放电现象应该称为电弧还是火花还有争论。电火花会使电极两端的材料都有少量的损失,去除的量与局部加高温时表面的蒸发量相近。电容放电后,电火花被绝缘油切断,电容重新充电。

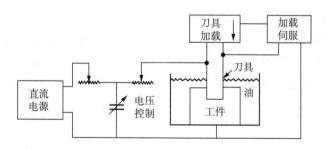

图 3 - 45　放电加工电路示意图

电火花加工的伺服机构:每一次电火花都是在电极间最靠近的部位产生,电极材料被一点点地去除,这样电极间的距离就会增加,而起弧所需要的电压也随之增加。这种电压的增加可以用来控制一个伺服系统来调节电极的送进,进而保持电压的恒定,换一种说法也就是保持电极与工件的距离恒定。每次去除的电极材料的多少主要取决于电容放电量的大小。材料的加工速度与其本身的性质及放电频率有关。电火花切割机的放电频率一般在 20000～300000 Hz 之间。

与传统机械加工工艺相比 EDM 主要有两个优点。一是更容易制造一些特殊形状,二是解决了工件的硬度问题。用 EDM 工艺只要把刀具加工成适当形状就可以制造几乎所有形状的工件。原先需要使用拉刀或非常耗时的手工操作制造的非圆形通孔,现在可以先钻一个适当大小的圆孔,然后用 EDM 方法去除剩余的部分。

EDM 的优势在于可以用普通机械加工方法制作刀具的外形,例如加工方形或条形的刀具比加工同样的孔要容易得多。EDM 有时也是制作 NDT 人工缺陷或试样的简便方法。

2. 火焰切割

火焰切割即气切割,是钢板粗加工的一种常用方式。这种方法是将材料加热至回火温度(对纯铁来说是 800 ℃ 或 1500 ℃),然后用氧气流对其进行高速氧化,切割部位所需的热量是燃烧材料时的氧化反应产生的,如图 3 - 46 所示。

图 3 - 46　火焰切割

这种工艺仅适用于钢。对于低碳钢和纯铁这种方法很有效,但对其他金属则不同。对于铸铁和高合金钢(包括不锈钢)以及多数有色金属材料,由于氧化反应速率较慢,或者导热性高,实际中这种方法使用不多。

火焰切割的灵活性很大,可以使用多割炬来提高生产率,并且能够得到与电锯相似的精度。钢板可以是单张的,也可以是几张叠在一起的。用氧乙炔切割设备最大能够切割厚达 12.7 cm 的钢板。大型铸件和锻件中缺陷的清除也大多采用氧乙炔切割法。

3. 摩擦锯切

摩擦锯切应用不多但却非常重要,这种方法主要用来对钢材进行切割。摩擦锯切是以高速转动的刀片或砂轮的边缘与工件表面摩擦,在工作表面产生局部高温的切割方法。刀具边缘的速度在 3000 m/s 到 7500 m/s 之间,其边缘可以是光滑的,但也可以是带有齿或槽的,这样有利于较软的金属切下的材料从切口去除。

这种工艺方法主要应用于在钢厂和仓库中加工金属棒材和结构件,但有时也应用于切割一些普通方法难以切割的钢材。

3.7.3　其他机械加工工艺

其他机械加工工艺还有电化学加工(ECM)、化学研磨成型和熔敷工艺等。

1. 电化学加工(图 3 - 47)

电化学加工(ECM):ECM 技术比 EDM 技术出现得还晚,但是近年来它的发展非常迅速。这种工艺发展潜力很大,因为其加工速度高于 EDM。

像 EDM 技术中一样,ECM 中工具和工件也都必须导电,或至少工件是导电的,而刀具则镀有一层导电膜。在适当的电解质中刀具和工件就成为电解槽中的阴极和阳极。刀具作为阴极,工件作为阳极。电路与电镀是一样的,作为阳极的工件材料不断损耗,而损耗的材料沉积到作为刀具的阴极。

这里主要有两个差别:采用不同的电解质可以使被去除的工件材料形成难溶的氧化物或氢氧化物。在电镀过程中采用静态的电解质使得金属离子正好能够离开阴极扩散进入电解质中,低的扩散率限制了能够有效使用的最大电流。在 ECM 技术中电解质在刀具与工件之间快速流动(用 4 MPa 的压力)使电流能够达到 10000 A/30 cm² ,因此其加工速度可以达到每分钟 16 cm³ 。如果再加大电流的话,切削速度还会更快。

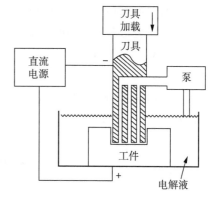

　　图 3 - 47　电化学加工

与 EDM 技术相比,ECM 的公差较大,尤其是在加工空腔时更是如此。另外,为了兼得刀具与工件间合适的电解质流,刀具的设计要求更高。一方面,在去除金属时每立方英寸每分钟的功率消耗为 160 匹马力,这是 EDM 技术的四倍,是普通机械加工工艺的一百多倍。但另一方面刀具没有损耗,而且加工速度也比 EDM 快。

2. 化学研磨

这是一种不加电而用化学溶剂进行加工成型的方法。这一名称源于早期飞机制造业中研磨工艺的辅助方法,它最初主要是用来加工刀具无法达到的部分,减轻工件的重量以利于磨床加工。

完全的化学工艺:比较简单,不需加工的部分先用抗氧化保护膜包起来,可以先将整个工件都覆盖上保护膜,然后手工去掉所要加工部分的保护膜。当需要保证产品质量时,可在需要的部位应用丝质保护膜,随后将工件放入适当的腐蚀剂中,腐蚀剂通常是强酸或强碱。当腐蚀坑达到所需的深度时,再取出工件进行清洗并去掉保护膜。

制作深直孔是目前印刷线路板制造中使用最广泛的方法,也可以用来取代传统的冲压下料,尤其是当厚度较薄时,主要的缺点是在保护膜边上会产生咬边。直孔深度可以得到较好的控制,但是在制作孔洞时,不能加工垂直的侧面或尖角。

电解质的流动、温度的变化或加工材料的不同都会影响加工速度。对于要求较高的工件应当使用超声波探伤来检测厚度的变化。

3. 熔敷工艺

对于更多的传统工艺而言,焊接和铸造工艺中都有液态金属的熔敷过程。利用重力、外部压力或表面张力迫使材料形成所需的形状,使材料少量熔敷以形成一定形状的工件是一种新工艺,另一种新工艺类似粉末冶金,它可以用来制造更复杂的形状而无需传统模具。

这一工艺可以描述为 ECM 的逆过程。对放入电解质中的两个电极通以直流电,材料从阳极电解而附着在阴极上。这一过程同时也是电镀法的基础,而电解成形则是利用这种方式来制造厚度达到 10 mm 以上的工件。

制作模型的材料必须导电:进行电解成形首先要制作模型,模型的外表面与所需工件的内表面形状相同,模型表面必须能够导电,如果模型是用不导电材料制作的,那么必须在其表面覆盖一层导电金属或石墨,然后将模型放入电解槽使其表面沉积一定厚度的金属。对于一些特定的形状,工件可以从模型中取出,模型可以重复使用,而另外一些形状的工件则要求模型必须可以用化学方法清除或用低熔点材料制成,可以通过加热熔化去除。

可以制造形状复杂、尺寸很小的工件:这种工艺有一系列优点。可以用来制造内部形状复杂的工件,其加工的尺寸精度很高,表面粗糙度可达 0.2 μm。由于这些特性,电镀法被用来制造高频波导和制造用于喷嘴和流量计中的文氏管。与传统工艺相比,局部可以制造得更薄,在这一工艺过程中,也可能会沉积大量的金属,大部分金属都可以用这种方法加工,内外表面的金属可以是不同的材料。

另一方面,工件厚度很难保持一致,因此外部形状尺寸不能精确控制。和化学研磨一样,电镀工件的重要部分也要用超声波法来测量一下厚度。这种方法生产率一般很低,而成本则较高。

3.8　金属薄板的压力加工

自 1850 年开始以来,金属薄板的压力加工就越来越重要,现在它也许是金属零件生产中最重要的方法。钢铁制造厂生产的产品中大约 30% 是以薄板和其他板材形式出品的,大多数的这种材料是由个体制造厂以不同的压力加工方式进行进一步加工的。这些加工方式包括变形、冷变形和剪切操作。

大部分金属消费品都经过压力加工。压力加工工序对经济的重要性从很多批量生产的金属消费品中就可以很明显地看出来,此类消费品如汽车、家用机械和办公设备。除了一些外部框架之外,许多功能部件也是由金属薄板制成的,如打字机、商用机器和其他一些大批量生产的设备等。这些部件经过压力加工的比例几乎是百分之百。

压力加工的两个条件是:一是要有足够数量来保证大量的加工消耗,二是材料要有足够的塑性以保证采用特定的工艺所必需的塑性变形。剪切操作因为不需塑性变形,因而它几乎可以在所有的薄板材料上进行,即使是像玻璃和一些塑料等的脆性材料。除了剪切其他所有的压力加工操作都是变形操作,工序能进行到的程度依赖于特定材料的塑性。一些金属材料在出厂的时候就可以冷加工完成,一些金属在冷加工操作中间需要再结晶,一些金属因为剪切或存在微小变形还需热处理。

压力加工操作,无论是剪切还是变形,都包括控制载荷下的金属失效。剪切操作中,在一定程度上给金属加载荷,引起断裂、弯曲、拉伸和其他一些变形操作中,如给金属加的载荷超过材料的弹性极限时而只引起塑性变形,则通常所加的为拉伸或弯曲性载荷。而在锻造操作中,金属最后的厚度取决于原始厚度和操作性能。压力加工在这点上是与锻造操作是不同的。

压力加工最主要的是需要特殊工具。大多数情况下,一套标准的模具架置在压机上,而切割或成形工具就固定在这套模具上。如图 3-48 所示出一套用于切割圆孔或生产圆盘的简易冲模装置。

模具固定在压机上后,冲头垫块固定到压机的冲锤上,模具垫块就固定到承梁板上,承梁板是固定的,它对应于铸造压机的平台。导柱确保了冲头和模具的正确校正,并因整套模具可以从压机上移开而且无需作重要调整就可以回来,所以简

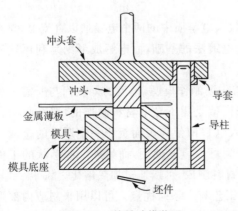

图 3-48　简易冲模装置

化了机构。在一些复杂的模具中,很容易搞错什么是模具,什么是冲头;但在通常的使用中带凹口、槽或凹槽的一套工具是模具,冲头的工具是进入模具的槽或凹槽的。大多数情况下,因为冲头固定在上部,而模具在整套模具的底部,所以工件和操作控制问题就简化了。

3.8.1　剪切

剪切是一种切削加工,剪切应用在压力加工中,特指在对置的两个边缘加载荷使之断裂的一种操作。在存在内部载荷的条件下,切应力从一个平面传递至另一个平面,而且在实际的承受载荷的系统中,会产生多类型的剪切应力。在剪切加工中,材料所承受的实际载荷都是压力和弯曲载荷的组合。事实上很重要的一点是,当外部载荷变得足够大时,内部的剪切应力将超过材料的临界值,将发生断裂。断裂之前会不会发生塑性变形,取决于特定材料的性能。

剪切有广泛的用途,有许多不同的剪切操作在名字上会产生混淆。一种可行的分类方法是按照操作目的来划分。目的可以是产生外形或是成品外形,或是用于其他操作的原材料;可以是将材料的部分切掉或是以这种方式在上面切一开口或压印;或是将其他操作留下的剩余材料切掉。剪切操作可以分类如下:

1. 直线剪切

直线剪切通常是指在固定的、有两个相对的直刀的剪边机上进行的直线切割,上面的刀以一定的角度放置,以产生前进的吃啮合力并减少所需的最大应力。剪切机可以用来将大的薄板或卷形原材料裁剪成适于加工的尺寸或是裁剪成成型的或半成型的生产部件,如图3-49所示。

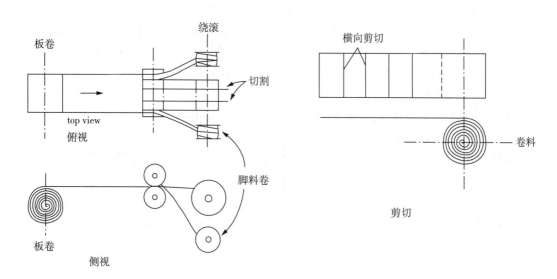

图 3-49　直线剪切

2. 开槽

图3-50表示出旋转式开槽,它主要用于减小卷形原材料的宽度。开槽通常在工厂或仓库中进行,但偶尔也可由个体加工者来做。

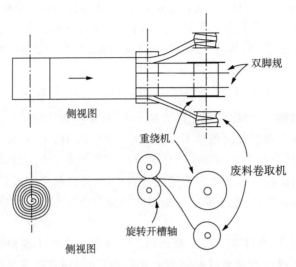

图 3 - 50　开　槽

3.8.2　弯曲

在剪切操作中,任何一种塑性变形都是沿着边缘产生的,因为剪切的目的是在薄板本身没有任何变形的情况下引起金属原子分离。弯曲是要在不引起断裂的情况下在一个或多个线形轴线上引起塑性变形。

1. 弯曲需要塑性

弯曲是在材料上加载荷至超过材料屈服点的应力,从而形成永久性变形。剪切即可能在低塑性的材料上进行,也可能在高塑性的材料上进行,弯曲只能在塑性能保证所需塑性变形的材料上进行。可能弯曲的程度取决于塑性大小。然而可能弯曲的程度不能直接由标准抗拉实验来决定,这种实验仅能给出一个非常有用的对比数据。对于两种材料而言,在抗拉实验中显示出最大延伸率的材料将比另一个弯曲程度更大。

2. 外部径向弯曲

图 3 - 51 表明在弯曲时变形的特性。弯曲内面的金属受很强的压应力,从而使材料在横截面处的宽度差不多以平方关系增长。在任一横截面处,不管如何加工,弯曲处的外部受很强的拉伸应力,从而引起此处的金属变薄。变薄的程度取决于弯曲半径与金属厚度的比率。实际上,变形应从两个方面考虑。除非金属确实受到足够的挤压力而产生变形,否则弯曲处外形所显示的弯曲半径并非实际尺寸并且其弯曲半径是可变的。部分拉伸时,由于内部曲率半径可由工具控制,所以仅应能指定内部半径。

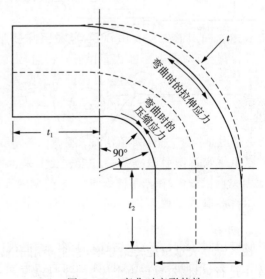

图 3 - 51　弯曲时变形特性

3. 成型

严格地来讲,弯曲仅包括将塑性形变限制在弯曲处的很窄的直段区域的操作。不可能发生沿着曲线轴的弯曲,而材料不沿着弯曲线滑移,产生塑性变形的情况。这种操作类型更严格来讲应叫拉伸。但实际上,大量所称的弯曲操作的确包括拉伸。成型有时在广义上讲包括了简单的弯曲、沿多轴进行的复合弯曲和以弯曲为主还包括拉伸的一些操作,还有实际上是拉伸,但深浅不一或在工件部分表面上进行的操作。

4. 轧制——常规弯制的替代物

轧制不是一种压力操作,而是以持续弯曲的方法塑出金属外形。轧制用于生产管材、建筑装饰物和其它一些在相关长度内有相同和截面积的相类似的部件。选择轧制还是一常规压力工具进行塑形需要从经济角度考虑,小零件通常采用轧制方法来完成所需尺寸。

3.8.3　拉伸

拉伸,也称拉深、拉延、压延等,是指利用模具,将冲裁后得到的一定形状平板毛坯,冲压成各种开口空心零件或将开口空心毛坯减小直径、增大高度的一种机械加工工艺。用拉伸工艺可以制造成筒形、阶梯形、锥形、球形、盒型和其他不规则形状的薄壁零件。与翻边、胀形、扩口、缩口等其他冲压成形工艺配合,还能制造形状极为复杂的零件。因此在汽车、飞机、拖拉机、电器、仪表、电子等工业部门的生产过程中,拉伸工艺占有相当重要的地位。从所涉及的应力角度看,拉伸是最复杂的应力操作。在简单的弯曲中,所有变形均沿同一个轴产生,材料表面也没有太大变化。拉伸不仅包括弯曲,还包括材料在大面积上的伸展和压缩。壳的拉伸如图 3-52 所示。

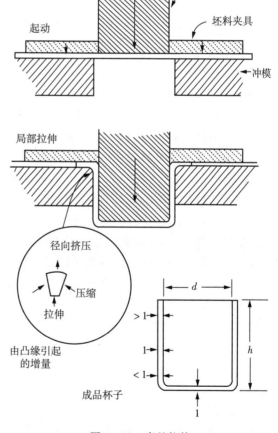

图 3-52　壳的拉伸

有些情况下,所需壳体的尺寸不能由一步完成,需要用一套模具(两个或更多)。后一个比前一个小,生产出最后所需产品的尺寸。

如果部件在第一次拉伸后进行加热重结晶,以恢复原始的塑性,可在第一次重拉伸时产生更大的变形,则操作就有可能由一步重拉伸来完成。实际上选择一次拉伸、两次重拉伸或相对的一次拉伸、重结晶、一次重拉伸将取决于特定情况的经济效益,还要考虑质量、设备和其他一些因素。

如图 3-54 所示为一种适用于小批量拉伸成型的方法。要加工的薄板在拉紧的状况下,以超过材料屈服点的应力压紧并下拉,或将单块薄板卷起。值得注意的是要在部件边缘留出一定的整边余量,而且此道工序仅适用于形状较浅且不能有凹角。但这种方法适合于大部件成型,而且在飞机制造工业的大型机翼和主体部分生产中应用非常广泛。

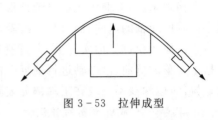

图 3-53　拉伸成型

3.9　金属腐蚀与防护

用物理、化学或电化学方法,在金属材料表面沉积、涂覆单层或多层膜层、涂层、镀层、渗层、包覆层或者使金属材料表面的化学成分、组织结构发生改变,从而获得所需性能的特种工艺技术。

通过金属腐蚀与防护的表面处理的主要目的是:提高材料的耐腐蚀性、耐磨损性;改善材料表面的应力状态;获得各种特定的性能、产品装饰等。

3.9.1　金属腐蚀

金属材料受周围介质的作用而损坏,称为金属腐蚀。金属的锈蚀是最常见的腐蚀形态。腐蚀时,在金属的界面上发生了化学或电化学多相反应,使金属转入氧化(离子)状态。这会显著降低金属材料的强度、塑性、韧性等力学性能,破坏金属构件的几何形状,增加零件间的磨损,恶化电学和光学等物理性能,缩短设备的使用寿命。

金属腐蚀的分类有多种方法。可根据金属腐蚀进行的历程分为化学腐蚀和电化学腐蚀两大类;也可根据金属腐蚀进行的条件把腐蚀分成高温气体腐蚀(干腐蚀)和水溶液腐蚀(湿腐蚀);还可根据产生腐蚀的环境状态分为自然环境中的腐蚀(如大气腐蚀、土壤腐蚀、海洋腐蚀、微生物腐蚀等)和在工业环境介质中的腐蚀(酸、碱、盐腐蚀,高温氧化,高温水腐蚀,热腐蚀,液态金属腐蚀,熔盐腐蚀,辐照腐蚀,氢腐蚀,杂散电流腐蚀等),以及模拟人体内的体液腐蚀。另外,根据腐蚀形态可将腐蚀分为全面腐蚀和局部腐蚀。

1. 全面腐蚀

全面腐蚀是最常见的腐蚀形式,其特征是腐蚀分布在金属的整个表面,并使金属整体变薄。全面腐蚀的条件是腐蚀介质能均匀地到达金属表面的各个部位,且金属的成分和结构相对均匀。例如,碳钢或锌板在稀硫酸中的溶解以及某些材料在大气中的腐蚀都是典型的全面腐蚀。

2. 局部腐蚀

在介质中仅限于某一部位或集中于某一特定局部的腐蚀。局部腐蚀的特征是阳极区和阴极区可以截然分开,其位置可以用宏观和微观检查加以区分和辨别。局部腐蚀是最常见的金属腐蚀形态,隐蔽性强,难以计算腐蚀速率,因此危害大。局部腐蚀的形态很多,最常见的有八大腐蚀形态:点蚀(图 3-54a)、缝隙腐蚀(图 3-54b)、晶间腐蚀(图 3-54c)、电偶腐蚀、选择性腐蚀、氢脆、应力腐蚀(图 3-54d)、腐蚀疲劳。

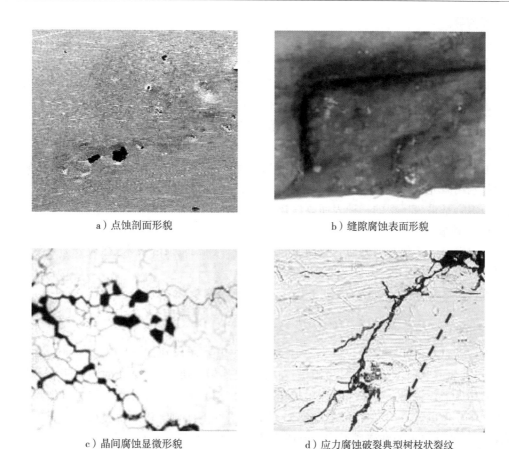

a）点蚀剖面形貌　　　　　　　　　　　　　　b）缝隙腐蚀表面形貌

c）晶间腐蚀显微形貌　　　　　　　　　　　　d）应力腐蚀破裂典型树枝状裂纹

图 3-54　几种局部腐蚀

3.9.2　表面防护

在金属材料及其制品表面形成保护层或保护膜的各种表面处理技术是金属保护措施之一。材料与周围介质的相互作用从表面开始，金属的腐蚀也从表面开始。因此，表面防护不仅是保护金属免受腐蚀的有效措施，也是应用最广泛的金属防护技术。金属表面防护技术种类繁多，原理和应用范围各不相同。

根据所采用的工艺原理和特点，它大体分为表面处理、表面改性和表面镀涂等三类。

1. 表面处理

通过机械、化学或电化学等处理技术使金属表面具有一定耐蚀性能。常用的工艺有表面预处理、喷丸、抛光、化学转换处理、阳极氧化（阳极化）、金属着色。

（1）喷丸

喷丸处理是工厂广泛采用的一种表面强化工艺，即使用丸粒轰击工件表面并植入残余压应力，提升工件疲劳强度的冷加工工艺。广泛用于提高零件机械强度以及耐磨性、抗疲劳和耐腐蚀性等。

喷丸处理的优点是设备简单、成本低廉，不受工件形状和位置限制，操作方便，缺点是工作环境较差，单位产量低，效率比抛丸低。喷丸的种类有钢丸、铸铁丸、玻璃丸、陶瓷丸等。

喷丸处理也可用于表面预处理，清除铸件、锻件或热处理后零件表面的型砂及氧化皮，清理焊渣等。

（2）阳极化

在一定的电解质溶液中，某些金属与合金作为阳极通电以后，表面生成保护性氧化膜的表面防护处理技术，称为阳极化。金属在适当的电解质溶液中作为阳极（如铅在硫酸溶液中），通过电流使带负电荷的氧离子沉积在带正电荷的金属阳极上，形成厚度可以控制的氧化膜，提高了金属表面的耐蚀、耐磨等物理化学特性。

2. 表面改性

通过改变材料表面组织或化学成分使金属表面获得防蚀性能的工艺，称为表面改性。一般指利用激光束、离子束或电子束进行材料表面加工的工艺技术。激光釉化、离子注入、离子束混合是最为典型的三种表面改性技术。

3. 表面镀涂

通过镀涂工艺使金属表面获得防护镀涂层用于金属防蚀的技术，称为表面镀涂。镀涂层厚度可以薄至微米级，也可厚至几毫米。

镀涂工艺主要有：电镀、热喷涂化学镀、热浸镀、熔结、搪瓷、陶瓷涂覆、有机涂料涂覆等。

（1）电镀

电镀就是利用电解原理在某些金属表面上镀上一薄层其他金属或合金的过程。电镀时，镀层金属或其他不溶性材料做阳极，待镀的工件做阴极，镀层金属的阳离子在待镀工件表面被还原形成镀层。为排除其他阳离子的干扰，且使镀层均匀、牢固，需用含镀层金属阳离子的溶液做电镀液，以保持镀层金属阳离子的浓度不变。电镀的目的是在基材上镀上金属镀层，改变基材表面性质或尺寸。电镀能增强金属的抗腐蚀性（镀层金属多采用耐腐蚀的金属），增加硬度，防止磨耗，提高导电性、光滑性、耐热性和表面美观。

（2）热喷涂

热喷涂是一种表面强化技术，是表面工程技术的重要组成部分。它是利用某种热源（如电弧、等离子喷涂或燃烧火焰等）将粉末状或丝状的金属或非金属材料加热到熔融或半熔融状态，然后借助焰留本身或压缩空气以一定速度喷射到预处理过的基体表面，沉积而形成具有各种功能的表面涂层的一种技术。

3.10　在役应用

金属材料是现代工业中最常用的材料之一，其在各个领域都有广泛的应用。然而，随着金属材料服役时间的增长，其性能会逐渐退化，这是不可避免的。金属材料的服役退化是一个渐进的过程。在金属材料服役过程中，由于受到外界环境的影响，金属材料内部的微观结构会发生变化，从而导致其性能的逐渐下降。这个过程是一个渐进的过程，通常需要经过相当长的时间才能显现出来。本章节主要介绍金属铸件、焊件、锻件、轧材和粉末冶金5种不同类型金属材料的工业在役应用。

3.10.1　铸件在役应用

铸造是一次成形技术，是将金属熔化成液体后，浇铸到与零件形状相适应的铸造空腔中，待其冷却、凝固、清理后，以获得零件或毛坯的加工方法。铸造专业侧重的是金属熔炼过程,以及浇铸过程中工艺的控制,是比较经济的毛坯成形方法,一般用在形状复杂的零件上。

铸件是一种常见的机械零件,广泛应用于各种机械设备中。它们的用途非常广泛,可以分为以下几类:

1. 汽车工业

铸件在汽车工业中的应用非常广泛,如发动机缸体(图 3-55)、曲轴、凸轮轴、齿轮、传动轴等。这些零件的质量和性能直接影响着汽车的性能和安全性。铸件的高强度、高耐磨性和高耐腐蚀性,使得它们成为汽车工业中不可或缺的重要零件。

2. 航空航天工业

铸件在航空航天工业中的应用也非常广泛,如飞机发动机叶轮(图 3-56)、涡轮叶片、涡轮盘、涡轮转子、涡轮喷气嘴等,这些零件的质量和性能直接影响着飞机的性能和安全性。铸钢件的高强度、高温性能和高耐腐蚀性,使得它们成为航空航天工业中不可或缺的重要零件。

图 3-55　发动机缸体

图 3-56　飞机发动机叶轮

3. 能源工业

铸件在能源工业中的应用也非常广泛,如石油钻机、石油管道、核电站设备、水电站设备等。这些零件的质量和性能直接影响着能源的开发和利用效率。铸件的高强度、高耐磨性和高耐腐蚀性,使得它们成为能源工业中不可或缺的重要零件。

4. 冶金工业

铸件在冶金工业中的应用也非常广泛,如高炉、转炉、电炉、连铸机、轧机等。这些设备的质量和性能直接影响着冶金工业的生产效率和产品质量。铸件的高强度、高耐磨性和高耐腐蚀性,使得它们成为冶金工业中不可或缺的重要零件。

5. 建筑工业

铸件在建筑工业中的应用也非常广泛,如桥梁、隧道、高层建筑、大型机械设备等。这些设备的质量和性能直接影响着建筑工程的安全性和稳定性。铸钢件的高强度、高耐磨性和高耐腐蚀性,使得它们成为建筑工业中不可或缺的重要零件。

在铸造工艺中,铸件质量的好坏直接影响到产品的使用寿命长短。所以,在生产过程中必须严格按照设计要求控制浇铸及浇铸工艺参数,以及严格控制各类缺陷的产生。对检测铸件表面缺陷时,通过无损检测方法,确保质量,参考检测标准例如:

GB/T 26951—2011　焊缝无损检测磁粉检测

GB/T 39428—2020　砂型铸钢件表面质量目视检测方法

GB/T 7233.1—2023　　铸钢件超声探伤及质量评级方法

GB/T 567—2012　　铸件射线照相检测

GB/T 9444—2019　　铸钢铸铁件磁粉检测

3.10.2　焊件在役应用

焊接是一种将金属或非金属通过加热、熔化、冷却并使其相互连接的工艺。焊接可分为熔化焊、加压焊、钎焊三大类。它已经成为现代工业中不可或缺的一部分,并在各个领域中得到了广泛的应用。焊接已发展为制造业中的一种重要的加工方法,广泛应用于航空、航天、冶金、石油、汽车制造以及国防等领域。

1. 制造业

焊接在制造业史的应用非常广泛,其史最常见的就是金属制品的生产。例如,汽车、飞机、火车等交通工具的制造都需要焊接技术。通过焊接,可以将零部件连接在一起,从而形成一个整体焊件,如图3-57所示为汽车焊接。此外,各种机器设备的制造也需要焊接技术。例如,工程机械、农业机械、电子设备等。

2. 建筑业

焊件在建筑业中也得到了广泛的应用。在大型建筑物的建造中,需要用到大量的焊接技术。例如,钢结构建筑需要将大量的钢材焊接在一起,形成一个整体焊件。同时,在建筑修缮中,焊接技术也经常被使用。例如,对于铁艺门窗、栏杆等产品的制作和修缮,都需要使用焊接技术,如图3-58所示为钢结构建筑。

图3-57　汽车焊接

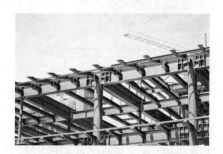
图3-58　钢结构建筑

3. 能源行业

焊接技术在能源行业中也得到了广泛的应用。例如,石油、天然气、电力等行业都需要使用焊接技术。在石油、天然气行业中,需要使用焊接技术制造管道和油井设备,如图3-59所示。在电力行业中,需要使用焊接技术制造各种电力设备和电力线路。

4. 军事领域

焊接技术在军事领域中也得到了广泛的应用。例如,各种武器装备的制造都需要使用焊接技术。例如,坦克、飞机、船舶、导弹等。此外,焊接技术还可以用于制造军用设备的

图3-59　管道焊接

零部件和修缮军用设备。

5. 医疗领域

焊接技术在医疗领域中也有一定的应用。例如,金属支架的制造和修缮都需要使用焊接技术。此外,还可以使用焊接技术制造和修缮各种医疗设备。

6. 航空航天领域

焊接技术在航空航天领域中也得到了广泛的应用。例如,飞机、火箭、卫星等的制造都需要使用焊接技术。在航空航天领域中,焊接技术的质量要求非常高,因为焊接质量的好坏将直接影响到产品的安全性和可靠性。

在焊接过程中必须严格按照焊接工艺要求控制焊缝尺寸,严格控制各类缺陷的产生。对焊缝表面尺寸测量及评定表面焊缝缺陷时,通过无损检测方法,确保焊接质量,参考检测标准例如:

GB/T 26951—2011 焊缝无损检测磁粉检测

GB/T 32259—2015 焊缝无损检测熔焊接头目视检测

GB/T 3323.1—2019 焊缝无损检测射线检测

GB/T 7735—2016 无缝和焊接(埋弧焊除外)钢管缺欠的自动涡流检测

3.10.3 锻件在役应用

锻件是指通过对金属坯料进行锻造变形而得到的工件或毛坯。大型锻件是电力、冶金、石化、造船、矿山、航空航天、军工等装备的基础部件,其经济带动性强,涵盖面广,是装备制造业产业链上不可缺少的重要一环。锻件的重量范围大,小到几千克至大到几百吨,比铸件质量高。锻件的力学性能比铸件好,能承受大的冲击力作用和其他重负荷,所以,凡是一些重要的、受力大的零件都采用锻件。锻件节约原材料,在保证设计强度的前提下,锻件比铸件的重量轻,这就减轻了机器自身的重量,对于交通工具、飞机、车辆有重要的意义。

随着现代社会的发展,锻件已广泛应用于航空航天、汽车、轮船、石油化工等行业当中。

1. 飞机锻件(图3-60)

按重量计算,飞机上有85%左右的构件是锻件。飞机发动机的涡轮盘、后轴颈(空锻件心轴)、叶片、机翼的翼梁,机身的肋筋板、轮支架、起落架的内外筒体等都是涉及飞机安全的重要锻件。飞机锻件多用高强度耐磨、耐蚀的铝合金、钛合金、镍基合金等贵重材料制造。为了节约材料和节约能源,飞机用锻件大都采用模锻或多向模锻压力机来生产。汽车锻按重量计算,汽车上有71.9%的锻件。一般的汽车由车身、车厢、发动机、前桥、后桥、车架、变速箱、传动轴、转向系统等15个部件构成。汽车锻件的特点是外形复杂、重量轻、工况条件差、安全度要求高。如汽车发动机所使用的曲轴、凸轮轴、前桥所需的前梁、转向节、后桥使用的半轴、半轴套管、桥箱内的传动齿轮等等,无一不是有关汽车安全运行的保安关键锻件。

2. 柴油机锻件

柴油机是动力机械的一种,以大型柴油机为例,锻件有汽缸盖、主轴颈、曲轴端法兰输出端轴、连杆、活塞杆(图3-61)、活塞头、十字头销轴、曲轴传动齿轮、齿圈、中间齿轮和染油泵体等十余种。

图 3-60　飞机筒体锻件

图 3-61　活塞杆锻件

3. 船用锻件

船用锻件分为三大类,主机锻件、轴系锻件和舵系锻件。轴系锻件有推力轴、中间轴艉轴等,舵系锻件有舵杆、舵柱、舵销等。

4. 兵器锻件

锻件在兵器工业中占有极其重要的地位。火炮中的炮管(图 3-62)、炮口制退器和炮尾,步兵武器中的具有膛线的枪管及三棱刺刀,火箭和潜艇深水炸锻件弹发射装置和固定座,核潜艇高压冷却器用不锈钢阀体,炮弹、枪弹等,都是锻压产品。除钢锻件以外,还用其他材料制造武器。

5. 石油化工锻件

锻件在石油化工设备中有着广泛的应用。如球形储罐的入孔、法兰,换热器所需的各种管板、对焊法兰,催化裂化反应器的整锻筒体(压力容器)(图 3-63),加氢反应器所用的筒节等均是锻件。

图 3-62　炮管锻件

图 3-63　化工压力容器

6. 核电锻件

核电分为压水堆和沸水堆两类。核电站主要的大锻件可分为压力壳和堆内构件两大类。压力壳含:筒体法兰、管嘴段、管嘴、上部筒体、下部筒体、螺栓等。堆内构件是在高温、高压、强中子辐照、硼酸水腐蚀、冲刷和水力振动等严峻条件下工作的,所以要选用 18-8 奥氏不锈钢来制作。

通过无损检测方法对锻件表面缺陷进行检测时,参考检测标准如下:

GB/T 6402—2008　钢锻件超声波检验方法

JB/T 8466—2014　锻钢件渗透检测

JB/T 8468—2014　锻钢件磁粉检测

3.10.4　轧材在役应用

轧制是一种金属加工工艺,将金属坯料通过一对旋转轧辊的间隙,因受轧辊的压缩使材料截面减小、长度增加的压力加工方法。轧件由摩擦力拉进旋转轧辊之间,受到压缩进行塑性变形,通过轧制使金属具有一定尺寸、形状和性能。轧制的类型有板材、线材、棒材、型材和管材等。

轧材因其具有高强度、耐腐蚀性、良好的加工性和耐磨性以及外观精美等特点,已被广泛应用于石油、天然气、化工、航空,以及建筑、机械制造、汽车等领域。

例如轧材钢板是汽车产品中应用最广泛和用量最大的金属材料之一,主要应用在车身、车厢、底盘及车轮等部件或总成上。据粗略统计,按照汽车车型的不向,钢板的用量约占汽车钢材用量的 55%～80%。在轿车中,车身的重量约占整车重量的 1/3。

图 3-64　汽车板图示

关于轧材质量检测的参考标准有:

GB/T 40385—2021　钢管无损检测焊接钢管焊缝缺欠的数字射线检测

YB/T 4932—2021　热轧型钢磁粉检测方法

YB/T 4812—2020　钢板自动超声检测系统综合性能测试方法

YB/T 4289—2020　钢管、钢棒自动漏磁检测系统综合性能测试方法

3.10.5　粉末冶金在役应用

粉末冶金是制取金属粉末或用金属粉末(或金属粉末与非金属粉末的混合物)作为原料,经过成形和烧结,制造金属材料、复合材料以及各种类型制品的工艺技术。由于是通过粉碎成末,经高温高压成型,粉末冶金可以最大限度地减少合金成分偏聚,消除粗大、不均匀的铸造组织;可以实现近净形成和自动化批量生产,从而有效地降低生产的资源和能源消耗。粉末冶金可以充分利用矿石、尾矿、轧钢铁磷、回收废旧金属作原料,是一种可有效进行材料再生和综合利用的新技术。我们常见的机加工刀具,五金磨具,很多就是粉末冶金技术制造的。

粉末冶金技术的相关参考标准有 GB/T 5314—2011 粉末冶金用粉末取样方法。

粉末冶金材料在现代工业中的应用越来越广,在取代锻钢件的高密度和高精度的复杂零件的应用中,随着粉末冶金技术的不断进步也取得了快速发展。

粉末冶金可以应用于以下几个领域:

1. 家用电器领域

某些家用电器的零件只能用粉末冶金方法来制造,如冰箱压缩机洗衣机、电风扇等中的多孔自润滑轴承(图3-65);某些家用电器材料和零件用粉末冶金方法来制造质量、价格更低,如家用空调排风扇和吸尘器中的复杂形状齿轮和磁体等。

2. 航空航天领域

航空工业中所使用的粉末冶金材料,一类为特殊功能材料,如摩擦材料、减磨材料、密封材料、过滤材料等等,主要用于飞机和发动机的辅机、仪表和机载设备;另一类为高温高强结构材料,主要用于飞机发动机主机上的重要结构件(图3-66)。

图3-65　自润滑轴承　　　　　　图3-66　飞机发动机主机上的重要结构件

3. 汽车领域

在汽车领域中粉末冶金方法用于制造变速器零件、发动机零件和减振器零件等。变速器零件:通过高温烧结的方法,制造了高强度的汽车变速器零件,汽车中使用粉末冶金成型的变速器零件主要有:同步器轮毂(图3-67)、同步器环、泊车部件、列移位部件和控制杆等。

发动机零件:为了提高燃油经济性与控制排放,汽车发动机的工作条件变得更加严酷。使用粉末冶金的阀座、阀导向、VCT和链轮等,能够具备高强度、高耐磨损性和优良的耐热性。

减振器零件:汽车、摩托车的减振器中,活塞杆及活塞导向阀等都是重要的零件。使用粉末冶金制造的零件,具有高精密薄板表面,能够减少摩擦,保障操纵的稳定性,提高乘坐舒适性。

图3-67　同步器轮毂

4. 消费电子领域

某些消费电子的零件只能用粉末冶金方法来制造,如手机音量键、数据线插口、内置震动马达转子、SIM卡托、电源键、内置N41垫脚等。

第4章 非金属制造工艺

在本章以前所讨论的工艺都适用于对铸造(液态浇注)、塑性加工(固态塑性变形)、焊接(利用加热、加压或两者同时使用以形成连接)或机械加工(用刀具进行切削加工)的传统定义。在某种程度上塑料的加工工艺与这些传统工艺相近,但是塑料与金属材料的结构与性能的差异使得其工艺不能完全相同。虽然塑料粘接接头与金属的焊接接头很相似,但是这种粘接工艺似乎更加适合于聚合物的加工。

4.1 复合材料的特点及成型方法

聚合物基复合材料的特点之一是其制件可以整体成型,而且复合材料的制造实际上是在其制品成形过程中完成的。

复合材料制件的成型方法,一般是依据制件的形状、结构和使用要求,结合材料的工艺性能来确定的。目前已应用的成型方法很多,在航空航天复合材料制件中,常用的成型方法主要有热压罐层压法、RTM法和缠绕法。

(1)热压罐层压法是成型外形结构复杂的先进复合材料的典型方法,其典型工艺是将预浸料按铺层要求铺放于模具上,然后经覆盖薄膜、形成真空袋再送入热压罐中加热加压固化而成。

(2)缠绕法则适宜于制造回转体构件,其典型工艺是用专门缠绕机把浸渍过树脂的连续纤维或布带。在严格的张力控制下,按照规定的线型,有规律地在旋转芯模上进行缠绕铺层,然后固化和卸除芯模,获得制品。

(3)RTM法也适宜于成型外形结构复杂的制件,只是它的成型方法与热压罐法根本不同,其典型工艺是在模具的模腔内预先放置增强预浸体材料和镶嵌件,闭模后将树脂通过注射泵传输到模具中浸渍增强纤维,并加以固化,最后脱模制得成品。

在复合材料成型中不管采用何种方法,增强纤维的排列(即铺层方法)和固化工艺的控制是制件质量的两个关键步骤。

蜂窝夹层结构的成型工艺包括夹芯制造、外形加工及夹芯与面板的连接;铝合金蜂窝夹层结构和复合材料蜂窝夹层结构用胶黏剂连接和加强;高强度合金蜂窝夹层结构主要采用钎焊或扩散连接。

4.2 塑料加工工艺

塑料加工又称塑料成型加工,是将合成树脂或塑料转化为塑料制品的各种工艺的总称,是塑料工业中一个较大的生产部门。塑料加工一般包括塑料的配料、成型、机械加工、接合、修饰和装配等。后四个工序是在塑料已成型为制品或半制品后进行的,又称为塑料二次加工。塑料成形则是将不同形态(粉状、粒状、溶液或分散体)的塑料原料按不同方式制成所需形状的坯件,是塑料制品生成的关键环节。

塑料加工成型方法有注射成型、挤出成型、压注成型、吹塑成型、压延成型和滚塑等。

4.2.1　注射成型

注射成型又称注塑成型,主要用于热塑性塑料的成型,也可用于热固性塑料的成型。利用注射机中的螺杆或柱塞的运动,将料筒内已加热塑化的粘流态的塑料以较高的压力和速度注入预先合模的模腔内,冷却硬化后成为所需制品。

塑料注射机装置的主要作用:加热熔融塑料,达粘流态;在一定压力和速度下将塑料注入型腔注射结束,进行保压与补缩,如图 4-1 所示。

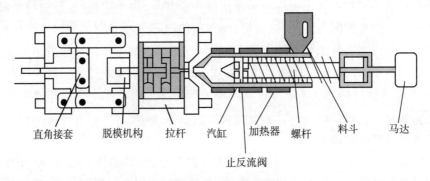

直角接套　　脱模机构　　拉杆　　汽缸　　加热器　　螺杆　　料斗　　马达

止反流阀

图 4-1　塑料注射机装置示意图

注射成型优点:

(1)可一次成形出外形复杂,尺寸精确的制品;

(2)可以方便地利用一套模具,成批生产尺寸、形状、性能完全相同的产品;

(3)生产性能好,成形周期短,一般制件 30～60 秒成形。可实现自动化或半自动化作业;

(4)较高的生产效率和技术经济指标。

4.2.2　挤出成型

挤出成型又称挤塑成型,是塑料加工工艺中应用最早、用途最广、适用性最强的成型方法。主要适合热塑性塑料成型,也适合一部分流动性比较好的热固性塑料和增强塑料成型。

挤出成型是利用机筒内螺杆的旋转运动,使熔融的塑料在压力作用下连续通过挤出模的型孔或口模,待冷却定型硬化后得到各种断面形状的制品,如图 4-2 所示。

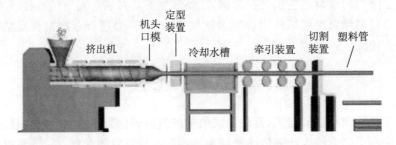

机头　定型
口模　装置

挤出机　　　　　冷却水槽　　　牵引装置　　切割　塑料管
　　　　　　　　　　　　　　　　　　　　装置

图 4-2　挤出机组示意图

挤出成型特点:

(1)设备成本低、占地面积小、生产环境清洁,劳动条件好;

（2）生产效率高，操作简单，工艺工程易于控制，便于自动化生产；

（3）产品质量均匀、致密，可以一机多用，进行综合性生产。

4.2.3　吹塑成型

吹塑成型是指用挤出、注射等方法制出管状型坯的成型方法，然后将压缩空气通入处于热塑性状态的型坯内腔中，使其膨胀成为所需形状的塑料制品。主要用于制造中空制品，这种工艺是在模腔内吹胀高温塑料型坯。根据选用的不同材料、性能要求、生产量和成本要求，不同的吹塑工艺具有不同的优点。塑料材料可采用吹塑工艺制造很多产品，包括饮料瓶等，工业用品或者化学品用的小型容器以及油箱、塑料桶和汽车仪表盘等。

吹塑成型工艺分类：

（1）薄膜吹塑：将熔融塑料从挤出机机头口模的环形间隙中呈圆筒形薄管挤出，同时从机头中心孔向薄管内腔吹入压缩空气，将薄管吹胀成直径更大的管状薄膜，冷却后卷取。薄膜吹塑成形主要用于生产塑料薄膜，如图 4 - 3 所示。

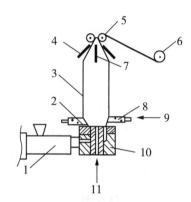

（2）中空吹塑：用于生产中空塑料制品。包括：挤出吹塑、注射吹塑和拉伸吹塑。

① 挤出吹塑成型：挤出吹塑成型是用挤出机挤出管状型坯，趁热将其夹在模具模腔内并封底，向宫腔内腔通入压缩空气吹胀成形。

特点是：制品形状适应广，适用于大型制件，制件底部强度不高，有边角料。

② 注射吹塑成型：分为冷型坯吹塑和热型坯吹塑，前者是将注射制成的试管状有底型坯冷却后移入

1—挤出机；2—芯棒；3—泡状物；

4—导向板；5—牵引轮；6—卷取辊；

2—7—折叠导棒；8—冷却环；

9—空气入口；10—模头；11—空气入口

图 4 - 3　薄膜吹塑成型示意图

吹塑模内，将型坯再加热并通入压缩空气吹胀成形，后者将注射制成的试管状有底型坯立即趁热移入吹塑模内，将型坯再加热并通入压缩空气吹胀成形。如图 4 - 4 所示。

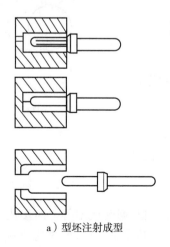

a）型坯注射成型

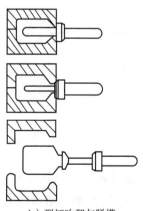

b）型坯吹塑与脱模

图 4 - 4　注射吹塑的基本过程

③ 拉伸吹塑成型:将挤出或注射制成的型坯加热到适当温度,进行纵向拉伸,同时或稍后用压缩空气吹胀进行横向拉伸。拉伸后制品透明度、强度、抗渗透性明显提高。

4.2.4 压注成型

压注成型是将热固性塑料原料装入闭合模具的加料室内,使其在加料室内受热塑化,在压注压力的作用下,通过加料室底部的浇注系统进入闭合的型腔,塑料在型腔内继续受热、受压而固化成型的方法。压注成型主要用于热固性塑料的成型方法,有模压和层压法两种。

(1)模压成型:原理将定量的塑料原料置于金属模具中,闭合模具,加热加压,是塑料原料塑化流动充满模腔,同时发生化学反应固化成形。

特点:模压成型的产品质地致密,尺寸精确,外观平整光洁,无浇口痕迹,但生产率较低,可成形热固性塑料和增强塑料成形。部分热塑性塑料也可采用。

(2)层压成型:将浸渍过的树脂的片状材料叠合至所需厚度后放入层压机上,在一定温度和压力下使之黏合固化成层状制品。层压制品质地密实,表面平整光洁,生产效率高。多用于增强塑料板材、管材、棒材和胶合板等层压材料。

特点:

(1)塑件飞边很薄,尺寸准确,性能均匀,质量较高。

(2)可以成型深孔、形状复杂、带有精细或易碎嵌件的塑件。

(3)模具结构相对复杂,制造成本较高,成型压力较大,操作复杂,耗料比压缩模多。

(4)气体难排除,一定要在模具上开设排气槽。

4.2.5 压延成型

压延成型是指将接近粘流温度的物料通过一系列相向旋转着的平行辊筒的间隙,使其受到挤压和延展作用,成为具有一定厚度和宽度的薄片状制品的方法。特点:产品质量好,生产能力大,多用于生产塑料薄膜、薄板、片材及人造革等,如图 4-5 所示。

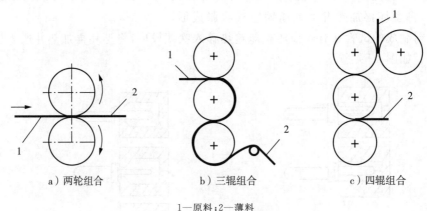

a)两轮组合　　　　　　b)三辊组合　　　　　　c)四辊组合

1—原料;2—薄料

图 4-5 压延成型示意图

4.2.6 滚塑成型

滚塑成型又称旋塑、旋转成型、旋转模塑、旋转铸塑、回转成型等。滚塑成型工艺是先将塑料原料加入模具中,然后模具沿两垂直轴不断旋转并使之加热,模内的塑料原料在重力和热能的作用下,逐渐均匀地涂布、熔融黏附于模腔的整个表面上,成型为所需要的形状,再经冷却定型而成制品,如图 4-6 所示。

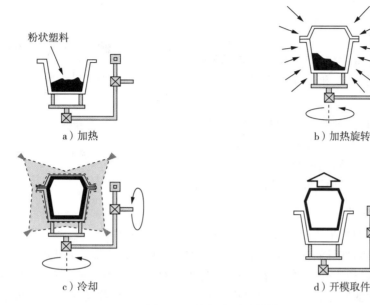

a)加热　　　　　b)加热旋转

c)冷却　　　　　d)开模取件

图 4-6　滚塑成型示意图

原理:用两瓣密闭模,将相当于制品重量的塑料量注入,同时以异向回转并在熔融炉内加热,这时塑料体即均匀贴于内壁而熔融塑化,成为制品。

滚塑成型的优点:

(1)适于模塑大型及特大型制件;

(2)适用于多品种、小批量塑料制品的生产;滚塑成型极易变换制品的颜色;

(3)适于成型各种复杂形状的中空制件;节约原材料。

滚塑成型的局限性:自动化程度不高、原材料选择范围有限、原材料成本略高(需特殊添加剂和制备成细粉状),有些结构(如加强筋)不易成型。

4.2.7　铸塑成型

铸塑成型是指将加有固化剂和气体助剂的液态树脂混合物料倒入成形模具中,在常温或加热条件下,使其逐步固化而成为具有一定形状的制坯的一种工艺,如图 4-7 所示。

铸塑成型工艺简单,成本低,可用于大型制件生产,适用于流动性大而有收缩性的塑料。

4.2.8　其他成型

其他塑料加工成型方法还有搪塑成型、传递模塑成型、喷射成型等。

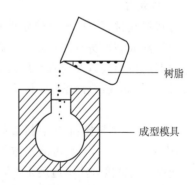

图 4-7　铸塑成型示意图

1. 搪塑成型

将配置好的塑料糊注入预热的模具中,使整个模具内壁均为该糊所湿润附着,待接触模壁部分糊料胶凝时,倒出多余的糊料,将模具加热使其中的糊料层完成胶凝,经冷却脱模而得到制件,多用于生产中空软塑料制品。

2. 传递模塑成型

将热固性塑料原料在加料腔中加热熔化,然后加压注入成形模腔中使其固化成形。特点:制品尺寸精确,生产周期短,使用模具结构复杂,适合生产形状复杂和带嵌件的制品。

3. 喷射成型

用喷枪将树脂、助剂及切断的短纤维同时喷射到一定形状模具上达到一定厚度后固化成形。特点成形效率高,制品形状尺寸不受限制,制品整体性好,但场地污染大,如图4-8所示。

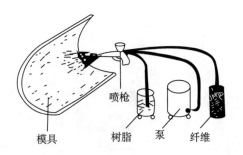

图4-8 喷射成型示意图

4.2.9 二次成型

塑料的二次成型指采用机械加工、热成型、连接、表面处理等工艺将一次成形的塑料板材、棒材、片材及模制件等制成所需的制品。塑料的二次成型加工正是利用松弛过程对温度的这种依赖性,辅以适当外力,使其在较高的温度下能以较快的速度,在较短的时间内经过形变形成所需形状的制品。在一定的温度、外力作用下使聚合物达到某一变形量的时间远小于松弛时间,塑料主要产生弹性变形,形变被冻结后留有较高的内应力,成型制品具有较大的收缩率。如形变时间大于等于其松弛时间,塑料所获得的形变能被100%的固定。

1. 塑料机械加工

包括锯、切、车、铣、磨、刨、钻、喷砂、抛光、螺纹加工等。与金属材料的切削加工大致相同,可用金属材料加工的工具和设备。

注意:

(1)塑料导热性很差,加工中散热不良,很容易软化发黏,分解烧焦;

(2)制件回弹性大,易于变形,加工表面粗糙,尺寸误差大;

(3)加工有方向性的层状塑料制品易于开裂、分层、起毛和崩落。

2. 热成型

对塑料板材、管材、棒材热塑性塑料一般是利用加热,然后用真空或加压的方法在单面模具中使其成型。所有的加工方法都基于加压,包括只利用重力的覆膜法、与金属材料加工工艺类似的拉伸法以及与真空膜法相似却没有塑料薄膜的真空模法。

(1)塑料焊接:热熔粘接,利用热作用使塑料连接处发生熔融,并在一定压力下粘接在一起。

(2)塑料溶剂粘接:利用有机溶剂,将需要粘接的塑料表面溶解或溶胀,通过加压粘接在一期,形成牢固的接头,一般可溶于溶剂的塑料可采用此方法。一些热塑性塑料多采用溶剂粘接。塑料溶剂粘接方法不适用于不同品种塑料的粘接,热固性塑料不溶解,也难用此法粘接。

(3)塑料胶接:利用胶黏性强的胶黏剂,能方便地实现不同塑料或塑料与其他材料的连接,是一种有发展前途的连接方法。

一般常见黏接剂通常被认为是一种带"黏性"或"胶性"的物质。直到21世纪初动物胶仍然被广泛使用,但是现代黏结剂则具有更完善的性能。例如压力胶结剂可以在压力下很快形成高强度的接头。有些热固性塑料化合物在一般状态下几乎没有黏性,但在加热、加压或加催化剂后也可以形成牢固的接头。黏合如图 4-9 所示。

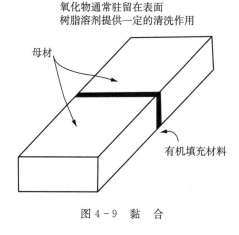

图 4-9　黏　合

4.3　火药药柱成型工艺

双基火药药柱的制造过程确实是一个涉及多个步骤的复杂工艺,其中每个步骤都至关重要,以确保最终产品的质量和性能。螺旋压力机在压制成型过程中起到了关键作用,其精确的控制和高效的工作能力使得药柱成型更加准确和稳定。

在原材料配制阶段,各种成分需要精确计量并混合均匀,以保证火药药柱的化学性质和物理性能的稳定。水中搅拌是为了使原材料更好地混合,而驱水机过滤和挤压则是为了去除多余的水分和杂质,为后续的高温高压处理做好准备。

高温高压碾压驱水并基本固化是药柱成型的关键步骤之一。在此过程中,药柱经历了显著的结构和性质变化,逐渐由松散的混合物变为具有一定强度和稳定性的固体。切碎烘干和去杂质步骤则是为了进一步优化药柱的物理性质,并提高其使用的安全性。

复合火药药柱的成型方法则更加多样,其中压力成型法和浇铸成型法都是常用的技术。压力成型法通过施加外部压力使火药材料在模具中成型,而浇铸成型法则是将液态的火药材料倒入模具中,待其冷却固化后得到所需形状的药柱。

无论是哪种成型方法,成形的药柱外圆面通常都会有一层包覆层。这层包覆层不仅起到了保护药柱的作用,防止其在存储和使用过程中受到外界环境的侵蚀,还可以提高药柱的稳定性和安全性。

总的来说,火药药柱的制造是一个高度专业化的过程,需要严格控制各个步骤的工艺参数和质量标准。通过科学的工艺设计和精确的设备操作,可以确保火药药柱具有优良的性能和稳定的品质,满足军事和民用领域的各种需求。

4.4　在役应用

非金属材料随着服役时间的增长,其性能会逐渐退化。在服役过程中,由于受到外界环境的影响,其材料内部的微观结构会发生变化,从而导致其性能的逐渐下降。本章节主要介绍胶粘、塑料和火药三种不同非金属材料工业在役应用。

4.4.1　胶黏在役应用

包装用胶黏剂的发展正受到严格的环保法规,人类的生命健康意识和生产安全要求的制约。为了降低产品的环境污染,首先是使有机溶剂的胶黏剂需求减少;其次,水基胶黏剂中挥发性有机物的含量逐步降低。目前,欧洲已经不允许胶黏剂生产商在水乳液中使用含氯有机物。因此,在纸、包装物、标签和软复合材料的生产过程中,热熔胶及其他无溶剂胶黏剂的使用量不断增加。在纸包装物的生产中,为了适应高速生产线的要求,热熔胶被用于密封,而部分层合工艺增加了水乳胶的使用比例。同时,为了更好地节约能源,热熔胶使用温度范围不太苛刻时,可以使用低熔点热熔胶。金属与聚合物层合技术中,由于没有使用溶剂,与其他层合技术相比,具有明显的环保优势,未来将会有快速的发展。为了减少生态破坏,包装材料要求可以被循环利用。胶黏剂在循环利用过程中,可以很容易地被清除掉。例如,在纸品包装物的生产过程中使用胶黏剂要求在纸品回收重新制浆的过程中,很容易地被过滤掉。另一种途径就是使用可微生物降解的胶黏剂,这类胶黏剂将成为一个重要的发展方向。

总而言之,在将来很长一段时间内,包装行业仍然是胶黏剂使用的主要领域。随着胶黏剂胶接性能的不断提高,胶接工艺的技术进步将对包装材料的选择,包装加工设备的改进产生积极的影响。目前,包装业面临环保要求和制造、装配生产线的高速化要求,是包装用胶黏剂发展的两大方向。

1. 胶粘使用

(1)包装材料的制造:为了满足使用方便,价格低廉的实际需要,大量的包装材料是用合成材料制成的。这些材料的合成过程中,胶黏剂被广泛地采用。

(2)包装物的成型:主要有包装板的成型、包装板的拼接、包装容器的成型及密封。现代化的产品生产线可以使包装容器成型,装入产品,容器密封连续完成,其工作效率明显高于单独完成各工序的工艺。而用于包装物为纸箱的胶黏剂。

(3)在标签的胶粘、印制、封口胶带的制造等方面,胶黏剂在包装工业中的应用主要为前两个方面。

2. 工业制造

工业修补剂和工业耐高温胶水在工业发展中起着不可替代的作用,例如各种机器设备、铸件材料上气孔、砂眼、麻坑、裂纹、磨损、腐蚀的修复与粘接以及高温工况下油、水、汽、酸、碱管路法兰面的修补、密封和粘接等。高温设备磨损、划伤、腐蚀、破裂的修复,如高温高压泵、法兰、发动机缸体等的密封。

3. 电子行业

电子电器粘接密封硅橡胶适用于工业生产中的各种结构性粘接密封,如:汽车车厢中钢板的结构粘接;CRT 显像管,DY 偏转线圈等高电压部分的绝缘粘接和密封;PCB 敏感元件、电容、三极管等的固定及粘接;冰箱、微波炉、线路板、电子元器件、太阳能领域粘接密封;精巧电子配件的防潮、防水封装;汽车前灯垫圈密封;电厂管道内贴耐磨陶瓷片、窗框安装玻璃的粘接密封加固;对大多数金属和非金属材料的弹性粘接,特别适用于对温度有特殊要求环境下的弹性粘接;电力、电子、电器、医疗机械、传感器、机械设备、冷冻设备、造船工业、汽车工业、化工轻工、电线电缆的绝缘粘接加固密封保护等。

4. 塑胶行业

在专业人士眼里,塑料和塑胶是一种东西。以前,内地的工厂都叫塑料厂,而港台地区则称塑料厂为塑胶公司。国内的一些三资企业为了与外商沟通方便,基本上也都挂"塑胶"有限公司的牌子。不能从字面理解为塑料和橡胶。溶剂型胶黏剂广泛应用与塑胶制品行业,对于各类塑胶材质产品的粘接发挥巨大的作用。

随着塑胶工业的飞速发展和塑胶性能的不断提高,塑胶件得到了更为广泛的应用,塑胶件正在不同的领域替代传统的金属零件,一个设计合理的塑胶件往往能够替代多个传统金属零件,从而达到简化产品结构、节约制造成本的目的。因此针对塑胶应用领域对塑胶精度的要求并结合市场分析,推荐适合塑胶检测的仪器有 MUMA 便携式影像仪、VMS 系列光学影像测量仪、VML 系列 3D 光学影像测量仪等等。

4.4.2　塑料在役应用

塑料技术的发展日新月异,针对全新应用的新材料开发,针对已有材料市场的性能完善,以及针对特殊应用的性能提高可谓新材料开发与应用创新的几个重要方向。

1. 新型高热传导率生物塑料

日本电气公司新开发出以植物为原料的生物塑料,其热传导率与不锈钢不相上下。该公司在以玉米为原料的聚乳酸树脂中混入长数毫米、直径 0.01 mm 的碳纤维和特殊的粘合剂,制得新型高热传导率的生物塑料。如果混入 10% 的碳纤维,生物塑料的热传导率与不锈钢不相上下;加入 30% 的碳纤维时,生物塑料的热传导率为不锈钢的 2 倍,密度只有不锈钢的 1/5。

这种生物塑料除导热性能好外,还具有质量轻、易成型、对环境污染小等优点,可用于生产轻薄型的电脑、手机等电子产品的外框。

2. 可变色塑料薄膜

英国南安普照敦大学和德国达姆施塔特塑料研究所共同开发出一种可变色塑料薄膜。这种薄膜把天然光学效果和人造光学效果结合在一起,实际上是让物体精确改变颜色的一种新途径。这种可变色塑料薄膜为塑料蛋白石薄膜,是由在三维空间叠起来的塑料小球组成的,在塑料小球中间还包含微小的碳纳米粒子,从而光不只是在塑料小球和周围物质之间的边缘区反射,而且也在填在这些塑料小球之间的碳纳米粒子表面反射。这就大大加深了薄膜的颜色。只要控制塑料小球的体积,就能产生只散射某些光谱频率的光物质。

3. 塑料血液

英国谢菲尔德大学的研究人员开发出一种人造"塑料血",外形就像浓稠的糨糊,只要将其溶于水后就可以给病人输血,可作为急救过程中的血液替代品。这种新型人造血由塑料分子构成,一块人造血中有数百万个塑料分子,这些分子的大小和形状都与血红蛋白分子类似,还可携带铁原子,像血红蛋白那样把氧输送到全身。由于制造原料是塑料,因此这种人造血轻便易带,不需要冷藏保存,使用有效期长、工作效率比真正的人造血还高,而且造价较低。

4. 新型防弹塑料

墨西哥的一个科研小组 2013 年研制出一种新型防弹塑料,它可用来制作防弹玻璃和防弹服,质量只有传统材料的 1/5 至 1/7。这是一种经过特殊加工的塑料物质,与正常结构的塑料相比,具有超强的防弹性。试验表明,这种新型塑料可以抵御直径 22 mm 的子弹。通常的防弹材料在被子弹击中后会出现受损变形,无法继续使用。这种新型材料受到子弹冲击后,虽然暂时也会变形,但很快就会恢复原状并可继续使用。此外,这种新材料可以将子弹的冲击力平均分配,从而减少对人体的伤害。

5. 可降低汽车噪声的塑料

美国聚合物集团公司(PGI)采用可再生的聚丙烯和聚对苯二甲酸乙二醇酯造成一种新型基础材料,应用于可模塑汽车零部件,可降低噪声。该种材料主要应用于车身和轮舱衬垫,产生一个屏障层,能吸收汽车车厢内的声音并且减少噪声,减少幅度为 25%～30%。PGI 公司开发了一种特殊的一步法生产工艺,将再生材料和没有经过处理的材料有机结合在一起,通过层叠法和针刺法使得两种材料成为一个整体。

4.4.3　火药在役应用

火药是通过一定的外界激发冲量的作用,能引起自持爆轰的物质。爆轰是炸药中化学反应区的传播速度大于炸药中声速时的爆炸现象,是炸药典型的能量释放形式。由于炸药爆炸时化学反应速度非常快,在瞬间形成高温高压气体。以极高的功率(每千克炸药爆轰瞬间输出功率可达 5×10^7 kW)对外界作功,使周围介质受到强烈的冲击、压缩而变形或碎裂。炸药在军事上可用作炮弹、航空炸弹、导弹、地雷、鱼雷、手榴弹等弹药的爆炸装药,也可用于核弹的引爆装置和军事爆破。在工业上广泛应用于采矿、筑路、兴修水利、工程爆破、金属加工等,还广泛应用于地震探查等科学技术领域。

炸药由于能对周围介质作猛烈的破坏功,往往又被称为猛炸药。常用的猛炸药按组成可分为单体炸药和混合炸药 2 类。还有一类感度很高的炸药,从燃烧转变为爆轰的时间极短,通常不直接用于作破坏功,而是用于引燃或引爆其他火炸药,称为起爆药。

炸药的爆炸性能主要由爆热、爆容、爆速和爆压表示。爆热是在一定的条件下,单位质量炸药爆炸时放出的热量,决定于炸药的元素组成、化学结构以及爆炸反应条件。可以用热化学的方法计算,也可以实测。爆容是单位质量炸药爆炸时产生的气体量(用标准状态下的容积表示),一般为 $0.7 \, \text{m}^3/\text{kg} \sim 1.0 \, \text{m}^3/\text{kg}$。爆速是爆轰波(伴随化学反应的冲击波)在炸药中的传播速度。炸药在一定装药密度下的爆速可以精确测定,现有炸药的爆速一般在 $1000 \, \text{m/s} \sim 8500 \, \text{m/s}$,很少有超过 $9000 \, \text{m/s}$ 以上的。爆压是指炸药爆炸时爆轰波阵面的压力,可用实验方法间接测定,其值一般在 $10 \, \text{GPa} \sim 40 \, \text{GPa}$。

炸药因其具有成本低廉、节省人力,并能加快工程建设的优点,和在特殊环境下作功的特性,因而已愈来愈广泛应用于国民经济各部门。在矿山开采方面,利用炸药进行大规模爆破,来开采金属矿和露天煤矿;利用聚能射流效应装填炸药的石油射孔弹,可用于石油开采;在地质勘探方面,用炸药制成的震源药柱用于地震探矿;在机械制造工业,炸药用于爆炸成型、切割金属、爆炸焊接等工艺;在水利电力工程,炸药用于修筑水坝、疏通河道、平整土地;铁路、公路建设中,炸药用于劈山开路,开凿隧道、峒室等;炸药还大量用于开采各种石料。

炸药在军事上可用作炮弹、航空炸弹、导弹、地雷、鱼雷、手榴弹等弹药的爆炸装药,也可用于核弹的引爆装置和军事爆破。在工业上广泛应用于采矿、筑路、兴修水利、工程爆破、金属加工等,还广泛应用于地震探查等科学技术领域。

第5章 金属热处理

金属热处理是用加热和冷却改变固态金属及合金组织和性能的工艺。加热温度、保温时间、冷却速率和介质的物理化学特性,是金属热处理的四个基本工艺参数。将工件按预定的"温度-时间"曲线进行加热和冷却,就可使组织和结构改变到预定状态,完成变性任务。如果还对介质的物理化学特性进行某种调控,则还可收到其他变性效果,如改变表面层的化学成分和组织结构,使表层具有特殊性能。

现用的大多数热处理工艺可以归入下列四大类:

(1)普通热处理(又称基础热处理):改变微观组织结构,但不以改变化学成分为目的的热处理。可分为退火和正火、淬火和固溶处理、回火和时效三类。

(2)化学热处理:改变工件表层化学成分和组织结构,也可同时改变工件内部组织结构的热处理。根据渗入元素的不同,常用的化学热处理方法分为三类:渗入非金属元素(如渗碳、渗氮、碳氮共渗等)、渗入金属元素(如渗铝、渗铬、铝铬共渗等)和金属与非金属共渗(如钛碳共渗、钛氮共渗等)。

(3)表面热处理:物性变化仅发生在表面的热处理。除部分化学热处理外,还有表面淬火。

(4)除热(升降温)和化学的方法之外,再加上其他特殊手段的热处理,即特殊热处理。有形变热处理、真空热处理、控制气氛热处理、激光热处理、磁场热处理、离子态化学热处理(如离子渗碳、离子渗金属)等。

本章以钢为例,简要介绍普通热处理(基础热处理)的基本工艺。退火、正火、淬火与固溶处理、回火与时效处理以及作为淬火继续的冷处理。

5.1 退 火

退火是指将钢加热到适当温度(Ac_1 以上或以下),保温一定时间,随后缓慢冷却以获得平衡状态或接近平衡状态组织的热处理工艺。退火后零件得到接近平衡状态的组织,达到软化的目的,以利于冷变形或机加工;其结果片状渗碳体变圆,晶粒细化和材料变软,应力退火可释放减轻比如因焊接形成的应力,但在晶粒结构上没有显著的变化。退火能够改善物理、化学、力学性能,稳定尺寸和形状;同时还可以改善组织,为后道工序作准备。退火是常用的预备热处理。

退火的目的:

(1)降低硬度,提高塑性,改善切削加工性;

(2)降低残余应力,稳定尺寸,减少变形与裂纹倾向;

(3)细化晶粒,调整组织,消除组织缺陷。

(4)均匀材料组织和成分,改善材料性能或为以后热处理做组织准备。

在生产中,退火工艺应用很广泛。根据工件要求退火的目的不同,退火的工艺规范有多种,常用的有完全退火、球化退火、和去应力退火等。

1. 扩散退火

扩散退火又称均匀化退火。应用于钢及非铁合金(如锡青铜、硅青铜、白铜、镁合金等)

的铸锭或铸件的一种退火方法。将铸锭或铸件加热到各该合金的固相线温度以下的某一较高温度,长时间保温,然后缓慢冷却下来。均匀化退火是使合金中的元素发生固态扩散,来减轻化学成分不均匀性(偏析),主要是减轻晶粒尺度内的化学成分不均匀性(晶内偏析或称枝晶偏析)。均匀化退火温度所以如此之高,是为了加快合金元素扩散,尽可能缩短保温时间。

2. 完全退火

完全退火是指将亚共析钢加热到 Ac_3 以上 30 ℃~50 ℃,保温后随炉缓慢冷却,以期得到接近于平衡组织(珠光体型组织)的热处理工艺方法。完全退火使钢的原来组织全部转变为单一均匀的奥氏体然后在缓慢冷却中,使奥氏体转变为铁素体和珠光体以达到细化组织、降低硬度和消除内应力的目的。

完全退火应用于平衡加热和冷却时有固态相变(重结晶)发生的合金。其退火温度为各该合金的相变温度区间以上或以内的某一温度。加热和冷却都是缓慢的。合金于加热和冷却过程中各发生一次相变重结晶,故称为重结晶退火,常被简称为退火。

3. 球化退火

球化退火是使钢中碳化物球化而进行的退火,得到在铁素体基体上均匀分布的球状或颗粒状碳化物的组织。将钢加热到稍低于或稍高于 Ac_1 的温度或者使温度在 A_1 上下周期变化,然后缓冷下来。目的在于使珠光体内的片状渗碳体以及先共析渗碳体都变为球粒状,均匀分布于铁素体基体中(这种组织称为球化珠光体)。球化退火主要用于共析钢和过共析钢,以获得类似粒状珠光体的球化组织(因不一定是共析成分,故称为球化组织),从而降低硬度,改善切削加工性能,并为淬火做组织准备。

4. 等温退火

等温退火是用来代替完全退火和不完全退火的新的退火方法,是以较快的速度冷却到 A_1 以下某一温度,保温一定时间使奥氏体转变为珠光体组织,然后空冷,处理后所得到的组织和性能彼此也很相似,但是处理所需要的时间,常常可以大大缩短。可以细化组织,降低硬度,防止白点。

5. 再结晶退火

再结晶退火是将经过冷变形加工的工件加热至再结晶温度以上,保温一定时间后冷却,使工件发生再结晶,从而消除加工硬化的工艺。

6. 去应力退火

冷形变后的金属在低于再结晶温度加热,以去除内应力,但仍保留冷作硬化效果的热处理,称为去应力退火。去应力加热温度低,在退火过程中无组织转变,主要适用于毛坯件及经过切削加工的零件,目的是消除毛坯和零件中的残余应力,稳定工件尺寸和形状,减少零件在切削加工和使用过程中的形变和裂纹倾向。

常用退火工艺分类及应用见表 5-1。

表 5-1　常用退火工艺分类及其应用

类　别	主要目的	工艺特点	应用范围
扩散退火 (均匀化退火)	成分均匀化	加热到 Ac_3(或 Ac_{cm})+150~200 ℃,长期保温后缓冷	铸钢件及有成分偏析的锻轧件

（续表）

类　别	主要目的	工艺特点	应用范围
完全退火 （重结晶退火）	细化组织，降低硬度	加热到 $Ac_3+(30\sim50)℃$，保温后缓冷	亚共析钢锻、焊、轧件碳钢、低合金钢和合金钢锻件、冲压件等。较完全退火的组织和性能更均匀，且缩短工艺周期
等温退火	细化组织，降低硬度，防止白点	加热到 $Ac_3+(30\sim50)℃$（亚共析钢）或 $Ac_1+(20\sim40)℃$（共析钢和过共析钢）保持一段时间，随炉冷却到稍低于 Ar_1 的温度进行等温转变后空冷	共析钢或过共析钢件（如工模具钢、轴承钢）
球化退火	碳化物球化，降低硬度，提高塑性细化组织，降低硬度	加热到 $Ac_3+(20\sim40)℃$ 或 $Ac_3-(20\sim30)℃$，保温后等温冷却或直接缓冷	中、高碳钢及低合金钢的锻轧件。组织细化程度低于完全退火
不完全退火 （亚临界退火）	消除加工硬化，使冷变形晶粒再结晶为等轴晶	加热到 $Ac_3+(40\sim60)℃$，保温后缓冷	冷变形钢材和零件
低温退火 （再结晶退火）	消除内应力，使之达到稳定状态	加热到 $Ac_3-(50\sim150)℃$ 或再结晶温度 $+(150\sim250)℃$，保温后空冷	铸件、焊接件、锻轧件及机加工件
去应力退火	成分均匀化	加热到 $Ac_3-(100\sim200)℃$，保温后空冷，或炉冷至 $200\sim300℃$ 后出炉空冷，或加热到 $200\sim300℃$ 保持一段时间后空冷	铸钢件及有成分偏析的锻轧件

　　退火主要工艺参数（包括加热温度、加热速度、保温时间、冷却速度和出炉温度等）取决于材料成分和热处理目的。退火加热温度如图 5-1 所示。

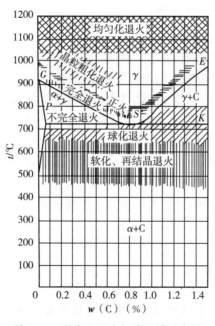

图 5-1　退火和正火加热区域示意图

5.2　正　火

正火(又称常化)是将钢加热到上临界点 Ac_3 或 Ac_{cm} 以上 30 ℃～50 ℃ 达到奥氏体化的目的,保持适当时间后,在空气中冷却用来提供更细的晶粒组织、提高强度的碳钢热处理工艺,如图 5-1 所示。渗碳稀释进入 γ 晶粒从而导致在整个剖面更精细晶粒,冷却后将碳富集某些晶粒,而在其他晶粒不存在,从而发展成珠光体和铁素体颗粒,正火晶粒演变如图 5-2 所示。

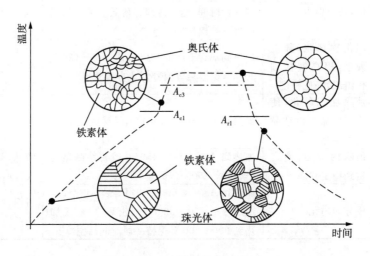

图 5-2　正火晶粒演变示意图

正火的目的:
① 获得一定硬度,改善加工性能;
② 提高塑性;
③ 细化晶粒,改善力学性能;
④ 获得均匀组织,消除过共析钢中的网状碳化物。

正火与退火的区别:正火冷却速度比退火冷却速度稍快,因而正火组织要比退火组织更细一些,其机械性能也有所提高。另外,正火炉外冷却不占用设备,生产率较高,因此生产中,常用正火代替大件(如直径大、形状复杂的碳钢件)的退火处理。对于形状复杂的重要锻件,在正火后还需进行高温回火。高温回火的目的在于消除正火冷却时产生的应力,提高韧性和塑性。

正火主要用于预备热处理,对于要求不高的普通碳素结构钢,也可以用正火作为最终热处理。

正火的应用:
(1)作为最终热处理
① 可以细化奥氏体晶粒,使组织均匀化。
② 减少亚共析钢中铁素体的含量,使珠光体含量增多并细化,从而提高钢的强度、硬度。

③ 对于普通结构钢零件,如含碳 0.4%~0.7%时,并且力学性能要求不很高时,可以正火作为最终热处理。

④ 为改善一些钢种的板材、管材、带材和型钢的力学性能,可将正火作为最终热处理。

(2)作为预先热处理

① 截面较大的合金结构钢件,在淬火或调质处理(淬火加高温回火)前常进行正火,以消除魏氏组织和带状组织,并获得细小而均匀的组织。

② 对于过共析钢可减少二次渗碳体量,并使其不形成连续网状,为球化退火作组织准备。

③ 对于大型锻件和较大截面的钢材,可先正火而为淬火作好组织准备。

(3)改善切削加工性能

低碳钢或低碳合金钢退火后硬度太低,不便于切削加工。正火可提高其硬度,改善其切削加工性能。

(4)改善和细化铸钢件的铸态组织。

(5)对某些大型、重型钢件或形状复杂、截面有急剧变化的钢件,若采用淬火的急冷将发生严重变形或开裂,在保证性能的前提下可用正火代替淬火。

一些钢种正火目的和作用见表 5-2 所列。

表 5-2　正火的目的和作用

钢种	目的和作用	钢种	目的和作用
低碳钢	提高硬度,改善加工性能,防止"粘"刀,降低表面粗糙度值	渗碳钢	消除渗层网状碳化物
		铸件、锻件	消除不正常组织如粗晶等
中碳钢、合金钢	细化晶粒,均匀组织,为淬火作准备	要求不高的碳素结构钢	用于最终热处理
高碳钢、高合金钢	消除网状碳化物,为球化退火作准备		

5.3　淬火与固溶处理

淬火是把钢加热到临界温度以上,保温一定时间,然后以大于临界冷却速度进行冷却,从而获得以马氏体为主的不平衡组织(也有根据需要获得贝氏体或保持单相奥氏体)的一种热处理工艺方法。淬火是钢热处理工艺中应用最为广泛的工种工艺方法。固溶处理则是指将合金加热到高温单相区恒温保持,使过剩相充分溶解到固溶体中后快速冷却,以得到过饱和固溶体的热处理工艺,因操作过程与淬火相似,又称为"固溶淬火"。适用于以固溶体为基体,且在温度变化时溶解度变化较大的合金。本节内容主要介绍淬火和固溶处理工艺技术。

5.3.1　淬火

淬火是将钢加热到 Ac_3 或 Ac_1 以上某一温度,保持一定时间,然后快速冷却,获得马氏体或贝氏体组织的热处理工艺。淬火后一般要回火,以获得要求的组织和性能。

常用的淬火介质有盐水、水、矿物油、空气等。淬火可以提高金属工件的硬度及耐磨性,因而广泛用于各种工、模、量具及要求表面耐磨的零件(如齿轮、轧辊、渗碳零件等)。另外淬火还可使一些特殊性能的钢获得一定的物理化学性能,如淬火使永磁钢增强其铁磁性、不锈钢提高其耐蚀性等,淬火工艺主要用于钢件。常用的钢在加热到临界温度以上时,原有在室温下的组织将全部或大部转变为奥氏体。随后将钢浸入水或油中快速冷却,奥氏体即转变为马氏体。与钢中其他组织相比,马氏体硬度最高。淬火时的快速冷却会使工件内部产生内应力,当其大到一定程度时工件便会发生扭曲变形甚至开裂。为此必须选择合适的冷却方法。根据冷却方法,淬火工艺分为单液淬火、双介质淬火、马氏体分级淬火和贝氏体等温淬火4类。

(1)单介质淬火

工件在一种介质中冷却,如水淬、油淬。优点是操作简单,易于实现机械化,应用广泛。缺点是在水中淬火应力大,工件容易变形开裂;在油中淬火,冷却速度小,淬透直径小,大型工件不易淬透。

(2)双介质淬火

工件先在较强冷却能力介质中冷却到 300 ℃ 左右,再在一种冷却能力较弱的介质中冷却,如:先水淬后油淬,可有效减少马氏体转变的内应力,减小工件变形开裂的倾向,可用于形状复杂、截面不均匀的工件淬火。双液淬火的缺点是难以掌握双液转换的时刻,转换过早容易淬不硬,转换过迟又容易淬裂。为了克服这一缺点,发展了分级淬火法。

(3)分级淬火

工件在低温盐浴或碱浴炉中淬火,盐浴或碱浴的温度在 Ms 点附近,工件在这一温度停留 2 min ~ 5 min,然后取出空冷,这种冷却方式叫分级淬火。分级冷却的目的,是为了使工件内外温度较为均匀,同时进行马氏体转变,可以大大减小淬火应力,防止变形开裂。分级温度以前都定在略高于 Ms 点,工件内外温度均匀以后进入马氏体区。改进为在略低于 Ms 点的温度分级。实践表明,在 Ms 点以下分级的效果更好。例如,高碳钢模具在 160 ℃ 的碱浴中分级淬火,既能淬硬,变形又小,所以应用很广泛。

(4)等温淬火

工件在等温盐浴中淬火,盐浴温度在贝氏体区的下部(稍高于 Ms),工件等温停留较长时间,直到贝氏体转变结束,取出空冷。等温淬火用于中碳以上的钢,目的是获得下贝氏体,以提高强度、硬度、韧性和耐磨性。低碳钢一般不采用等温淬火。

淬火的工艺影响参数

(1)淬火加热温度

淬火加热温度主要取决于钢的化学成分,如图 5-3 和表 5-3。此外还要考虑零件形状和尺寸、零件技术要求和变形要求、晶粒长大倾向等。

表 5-3　淬火加热温度的选择

钢种		淬火加热温度
碳钢	亚共析钢	$A_{c3} + 30 \sim 50$ ℃
	共析钢、过共析钢	$A_{c1} + 30 \sim 50$ ℃
合金钢[合金元素总量(质量分数)≤10%]		A_{c3}(或 A_{c1})$+50 \sim 100$ ℃
合金钢[合金元素总量(质量分数)>10%]		根据组织性能要求和碳化物溶入奥氏体温度而定

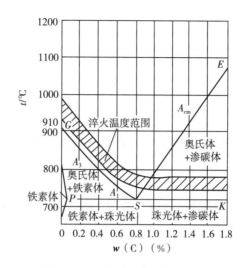

图 5-3　碳钢的淬火温度示意图

（2）淬火保温

淬火保温时间由设备加热方式、零件尺寸、钢的成分、装炉量和设备功率等多种因素确定。对整体淬火而言，保温的目的是使工件内部温度均匀趋于一致。对各类淬火，其保温时间最终取决于在要求淬火的区域获得良好的淬火加热组织。加热与保温是影响淬火质量的重要环节，奥氏体化获得的组织状态直接影响淬火后的性能。一般钢件奥氏体晶粒控制在5~8 级。

（3）淬火冷却

要使钢中高温相——奥氏体在冷却过程中转变成低温亚稳相——马氏体，冷却速度必须大于钢的临界冷却速度。工件在冷却过程中，表面与心部的冷却速度有一定差异，如果这种差异足够大，则可能造成大于临界冷却速度部分转变成马氏体，而小于临界冷却速度的心部不能转变成马氏体的情况。为保证整个截面上都转变为马氏体需要选用冷却能力足够强的淬火介质，以保证工件心部有足够高的冷却速度。但是冷却速度大，工件内部由于热胀冷缩不均匀造成内应力，可能使工件变形或开裂。因而要考虑上述两种矛盾因素，合理选择淬火介质和冷却方式。

冷却阶段不仅零件获得合理的组织，达到所需要的性能，而且要保持零件的尺寸和形状精度，是淬火工艺过程的关键环节。

（4）工件硬度

淬火工件的硬度影响了淬火的效果。淬火工件一般采用洛氏硬度计测定其 HRC 值。淬火的薄硬钢板和表面淬火工件可测定 HRA 值，而厚度小于 0.8 mm 的淬火钢板、浅层表面淬火工件和直径小于 5 mm 的淬火钢棒，可改用表面洛氏硬度计测定其 HRC 值。

在焊接中碳钢和某些合金钢时，热影响区中可能发生淬火现象而变硬，易形成冷裂纹，这是在焊接过程中要设法防止的。

由于淬火后金属硬而脆，产生的表面残余应力会造成冷裂纹，回火可作为在不影响硬度的基础上，消除冷裂纹的手段之一。

淬火对厚度、直径较小的零件使用比较合适，对于过大的零件，淬火深度不够，渗碳也存在同样问题,此时应考虑在钢材中加入铬等合金来增加强度。

淬火是钢铁材料强化的基本手段之一。钢中马氏体是铁基固溶体组织中最硬的相,故钢件淬火可以获得高硬度、高强度。但是,马氏体的脆性很大,加之淬火后钢件内部有较大的淬火内应力,因而不宜直接应用,必须进行回火。

5.3.2　固溶处理

固溶处理是将合金加热到高温单相区,恒温保持一定时间,使其他相充分溶解到固溶体中,然后快速冷却以获得过饱和固溶体的工艺。因操作过程与淬火相似,又称为"固溶淬火"。适用于以固溶体为基体,且在温度变化时溶解度变化较大的合金。先将合金加热到溶解度曲线以上、固相线以下的某一合适温度保温一定时间,使第二相溶入固溶体中。然后在水或其他介质中快速冷却以抑制第二相重新析出,即可得到室温下的过饱和固溶体或通常只存在于高温下的一种固溶体相。由于在热力学上处于亚稳定状态,在适当的温度或应力条件下将发生脱溶或其他转变,一般属预备热处理,其作用是为随后的热处理准备最佳条件。

影响因素:加热温度、保温时间和冷却速度是固溶处理应当控制的几个主要参数。

(1)加热温度原则上可根据相应的相图来确定,上限温度通常接近于固相线温度或共晶温度。在这样高的温度下合金具有最大的固溶度且扩散速度快。但温度不能过高,否则将导致低熔点共晶和晶界相熔化,即产生过烧现象,引起淬火开裂并降低韧性。最低加热温度应高于固溶度曲线,否则时效后性能达不到要求。不同的合金,允许的加热温度范围可能相差很大。某些铜合金和合金钢的加热温度范围较宽,而大部分铝合金的淬火加热温度范围则很窄,有的甚至只有±5℃。

(2)保温的目的是使合金组织充分转变到淬火所需状态。保温时间主要取决于合金成分、材料的预先处理和原始组织以及加热温度等,同时也与装炉量、工件厚度、加热方式等因素有关。原始组织细、加热温度高、装炉量少、工件断面尺寸小,保温时间就较短。

(3)固溶处理中一般采用快速冷却。快冷的目的是抑制冷却过程中第二相的析出,保证获得溶质原子和空位的最大过饱和度,以便时效后获得最高的强度和最好的耐蚀性。水是广泛应用的有效的淬火介质,水中淬火所能达到的冷却速度能够满足大多数铝、镁、铜、镍和铁基合金制品的要求。但是,水中淬火易使制件产生大的残余应力和变形。为克服这一缺点,可将水温适当升高,或在油、空气和某些特殊的有机介质中淬火。

固溶处理在不锈钢和高温合金中应用较多。广义而言,淬火是固溶处理的一种。

适用范围:多种特殊钢,高温合金,特殊性能合金,有色金属。尤其适用:(1)热处理后须要再加工的零件。(2)消除成形工序间的冷作硬化。(3)焊接后工件。

5.4　回火与时效处理

回火一般用于减小或消除淬火钢件中的内应力,或者降低其硬度和强度,以提高其延性或韧性。淬火后的工件应及时回火,通过淬火和回火的相配合,才可以获得所需的力学性能。时效处理是指合金工件经固溶处理,冷塑性变形或铸造、锻造后,在较高的温度或室温放置,其性能、形状、尺寸随时间而变化的热处理工艺。本章节具体介绍了回火和时效处理工艺技术。

5.4.1　回火

回火是将淬火零件重新加热到下临界点 Ac_1 以下某一个温度,保持一段时间,再以某种方式冷却到室温,使不稳定组织转变为稳定组织,获得要求性能的工艺。回火的目的是减少或消除淬火应力,提高塑性和韧性,得到强度与韧性良好配合的综合性能,稳定组织、形状和尺寸。

回火方法主要有低温回火、中温回火、高温回火、多次回火、等温回火、自行回火及局部回火等(见表 5-4)。回火冷却一般采用空气中冷却。

表 5-4　回火方法及适用范围

回火方法	特　点	适用范围
低温回火	$150\sim250\ ℃$回火,获得回火马氏体组织,目的是在保持高硬度条件下,改善塑性和韧性	超高强度钢、工模具钢、量具、刃具、轴承及渗碳件
中温回火	$350\sim500\ ℃$回火,获得屈氏体组织。目的是获得高弹性和足够的硬度,保持一定韧性	弹簧、热锻模具
高温回火	$500\sim650\ ℃$回火,获得索氏体组织。目的是达到强度与韧性的良好配合	结构钢零件、渗氮件预备热处理
多次回火	淬火后进行二次以上回火,进一步促使残留奥氏体转变,消除内应力,使尺寸稳定	超高强度钢、工模具钢、高速钢
等温回火	高速钢工具淬火并在$550\sim570\ ℃$第一次回火后,转移到 Ms 点附近,$(250\ ℃)$热浴中等温,然后空冷	高速钢工具
自行回火	利用工件淬火余热使其回升到回火温度,达到回火目的	硬度要求不高的手工工具

5.4.2　回火脆性

淬火钢回火时,许多钢种随回火温度升高会出现两次冲击韧度明显降低的现象,称之为回火脆性。

第一类回火脆性(低温回火脆性)是 $250\sim400\ ℃$ 发生的回火脆性,不可逆;凡是淬成马氏体的钢均有这类脆性。

第二类回火脆性(高温回火脆性)是 $450\sim650\ ℃$ 发生的回火脆性,可逆;Mn 钢、Cr 钢、Cr-Mn 钢、Cr-Ni 钢等钢种发生。

此外,高铬铁素体不锈钢在 $475\ ℃$ 左右回火时将出现脆性,一般称为 $475\ ℃$ 回火脆性;铁素体、奥氏体-铁素体复相不锈钢在 $540\sim750\ ℃$ 长时间加热时,由于 σ 相形成,使钢脆化,也可视为回火脆性的一种。

5.4.3　时效和时效处理

时效是指金属或合金在一定温度下,保持一段时间,由于过饱和固溶体脱溶和晶格沉淀而使强度逐渐升高的现象。分为自然时效和人工时效。

低碳钢和纯铁淬火并时效会使硬度和强度提高,塑性和韧性降低,这是间隙原子(主要是 C、N)重新分布引起的。低碳钢在冷变形后在室温或较高温度下保持,或者在 $200\sim300\ ℃$ 下变形,会产生变形时效,甚至出现脆性(称为蓝脆)。

时效处理是指合金工件经固溶处理,冷塑性变形或铸造,锻造后,在较高的温度或室温放置,其性能、形状、尺寸随时间而变化的热处理工艺。若采用将工件加热到较高温度,并较短时间进行时效处理的时效处理工艺,称为人工时效处理。若将工件放置在室温或自然条件下长时间存放而发生的时效现象,称为自然时效处理。第三种方式是振动时效,从 20 世纪 80 年代初起逐步进入使用阶段,振动时效处理在不加热也不像自然时效那样费时的情况下,给工件施加一定频率的振动使其内应力得以释放,从而达到时效的目的。时效处理的目的为消除工件的内应力,稳定组织和尺寸,改善机械性能等。

5.5　冷处理

冷处理是将淬火零件从室温继续冷却到更低的温度,使组织中残留奥氏体继续转变为马氏体的热处理操作。因此冷处理可看作是淬火的继续。冷处理的目的是进一步提高钢的硬度和耐磨性,稳定尺寸,提高铁磁性,以及提高渗碳件的疲劳性能等。

根据冷处理温度的不同,冷处理可分为冰冷处理(0 ℃ ～ −80 ℃)、中冷处理(−80 ℃～−150 ℃)和深冷处理(−50 ℃～−200 ℃)三种,以下为典型的冷处理工艺:

(1)淬火后在室温停留:淬火后,一定要使材料内外均匀冷至室温后进行冷处理,否则容易开裂,冷至室温后马上冷处理(一般不超过 30 分钟),否则会中止奥氏体向马氏体的转变。

(2)冷处理温度:冷处理的温度主要根据钢的马氏体转变终止温度 M_f,另外还要考虑冷处理对机械性能的影响及工艺性等因素。对于 GCr15 钢,冷处理选用−70 ℃;精度要求不甚高的套圈或设备有限制时,冷处理温度可选为 −40 ℃ ～ −70 ℃;超精密轴承,可在 −70 ℃～−80 ℃之间进行冷处理。过冷的温度影响轴承冲击疲劳和接触寿命。

(3)冷处理保温:虽然大量马氏体的转变是在冷到一定温度顷刻间完成的,但为使一批套圈表面与心部都均匀达到冷处理温度,需要一定的保温时间,一般为 1～1.5 小时。

(4)冷处理后的回火:套圈冷处理后放在空气中,其温度缓慢升至室温后及时进行回火。温升不能太快,否则容易开裂;回火及时,否则套圈内部较大的残余应力会导致套圈开裂,一般不超过 2 小时。

第6章 材料检验知识

材料的各种性能,或者说它在加工和使用条件下的行为,取决于一系列的外因(温度、应力状态、加力的速度、介质的物理化学性能等)和内因(成分、组织),外因通过内因才能起作用。

化学成分和组织是决定材料性能的两大内部因素。材料的化学成分不同,其性能也就不同。但是,即便是同一种化学成分的材料,在经过不同的热处理使其组织发生改变后,材料的性能也将发生改变。

材料试验是获取材料在各种环境表现的实际经验的有效手段,它最终的目的是使决策更经济合理。

6.1 载荷系统与材料试验

载荷系统定义为在材料试验机上给材料施加外力,属于机械载荷,几乎在所有的情况下,即使一小片材料受到一个非常单一的外力,在材料内部产生的作用都是非常复杂。但是这种复杂性常常被简化,即认为材料内部的受力方式和外力是一样的。下面介绍载荷系统的主要力学参数。

(1)应力

物体由于外因(受力、湿度变化等)而变形时,在物体内各部分之间产生相互作用的内力,以抵抗这种外因的作用,并力图使物体从变形后的位置恢复到变形前的位置。在所考察的截面某一点单位面积上的内力与单位面积之比称为应力。应力的量值等于单位面积上内力量值。

(2)正应力

图 6-1 简单载荷的例子,为一个受拉力 P 的棒,棒的截面面积为 A。如果拉力 P 在棒的两端是均匀分布的,就可以认为棒的内部受力也是均匀的。材料受拉应力(Sc),公式就写成 $St = P/A$。改变力的方向,拉应力就变成压应力,应力的公式就是 $Sc = P/A$。

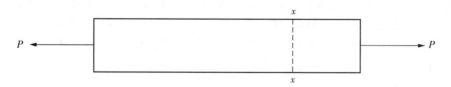

图 6-1 简单载荷

(3)切应力

拉力和压力以及它们产生的应力都是与作用面垂直的。第三种用力叫做切应力,是与作用面平行的应力。与作用而成一定角度的力不再考虑。如图 6-2 所示是与图 6-1 中一样的金属棒,两端受拉力。在垂直于作用力方向的截面上只有拉力和拉应力作用,但对于不垂直于受力方向的截面,情况就不同了。平面 $Z-Z$ 与受力方向的夹角为 Φ,$Z-Z$ 截面的面积等于截面 $X-X$ 面积乘以夹角 Φ 的正切。因此,切应力为:

$$Ss = \frac{P\sin\phi}{A\sec\phi} = \frac{P}{A}\sin\phi\cos\phi = \frac{P}{2A}\sin2\phi$$

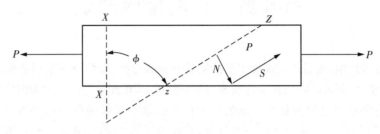

图 6-2　载荷的分解

当 Φ 等于 0 时，其切应力为 0。当 Φ 等 45°时，$\sin2\Phi=1$ 切应力最大，为 $P/2A$。最大切应力是作用在垂直截面上的拉应力 St 的一半。

如果在图 6-2 的例子中，外加力变成压力，则拉应力变成压应力，而切应力的大小不变，方向改变。当棒材受扭力作用，而不受任何拉力压力和弯折的作用时，材料中只存在切应力。因为切应力可以引起材料变形，所以它在生产中也很重要。

（4）弯折

弯折在材料内部引起复合应力。凹下去的半面受压应力，而突起来的半面受拉应力。在拉应力和压应力分界的轴的两侧，切应力的方向是相反的。

（5）应力的作用

讨论力和应力过程中最重要的一点是在进行结构设计时，要给出合适的尺寸和形状，选择具有合适强度的材料，以便它可以承受一定的载荷。当一个结构组件受到来自重力、机械压力、液压、气压、热胀冷缩等带来的载荷，它就受到应力的作用。应力的大小、方向、种类与载荷有关。应力的大小与外加力、作用面积的大小有关。载荷增加，应力有可能在某一方向、在一处或多处超过材料的某一应力极限，材料就会发生变形或者断裂。几乎所有的断裂失效前，会预先有少量的塑性变形。在那些发生较大的塑性变形的情况里，最终会有断裂发生。

（6）应力状态

通过物体内一点的各个截面上的应力状况，简称为物体内一点处的应力状态。过一点的一个截面上的应力情况不足以反映一点的应力状态，一点的应力状态是用张量表示的。

① 三向应力状态是指从受力物体中取出任意一个单元体，总可以找到三个互相垂直的主平面，面上作用有正应力，因而每一点都有三个主应力。三个主应力均不为零的应力状态称为三向应力状态。

② 平面应力状态是指通过一点的单元体上的所有应力分量位于某一平面内，即在垂直于该平面方向上的应力分量为零（该方向应变不为零）的应力状态。

（7）应变

机械零件和构件内任一点（单元体）因外力作用引起的形状和尺寸的相对改变称为应变，与点的正应力和切应力相对应，应变分为线应变 ε 和角应变 γ。

① 单元体任一边的线长度的相对改变称为线应变或正应变；单元体任意两边所夹直角的改变称为角应变或切应变，以弧度来度量。线应变和角应变是度量零件内一点处变形程度的

两个几何量。任何一个物体,不管其变形如何复杂,总可以分解为上述这两种应变形式。

② 主应变沿主方向(各主平面交线的方向)的线应变称为主应变。

③ 体积应变零件变形后,单元体体积的改变与原单元体体积之比,称为体积应变。

④ 弹性应变与塑性应变:当外力卸除后,物体内部产生的应变能够全部恢复到原来状态的,称为弹性应变;如果不能恢复到原来状态,其残留下来的那一部分称为塑性应变。

⑤ 应变集中:受力零件或构件在形状、尺寸突然改变处出现应变显著增大的现象称为应变集中。应变集中处就是应力集中处。

材料试验是获取材料在各种环境表现的实际经验的有效手段。它最终的目的是使决策更经济合理,主要有两种试验方法。

(1)破坏性试验:大多数的直接试验方法是破坏性的。这种试验的可靠性也是建立在假设的基础上,即进行实验的样品材料可以代表所有这种材料。在检验焊缝的质量时,一部分焊缝被切开,检验焊缝内是否有空洞、夹杂。观察熔深、熔合部分以及金相组织。检验后焊缝被破坏。不管检测的质量怎么样,我们只能假定其余未检测的那部分焊缝的质量也是如此,因为它们都是同样条件得到的。

(2)无损检测:无损检测几乎都属于间接的测试方法。进行无损检测有两个要求:第一,熟悉所测试项目与产品中实际缺陷的关系;第二,知道如何处理得到的试验数据。无损检测可以用在生产前后以及生产过程中,检测产品表面和内部的缺陷。无损检测过程如下:

① 通过某种介质检测样品,如射线、声波、磁场、电场和其他介质;

② 获取这种介质的信号;

③ 通过检测信号确定样品是否有缺陷存在。必须选取最合适的检测介质,使得样品中所有的缺陷都能够影响这种介质,我们能检测到与缺陷有对应关系的信号。

6.2　拉伸试验

测定材料在拉伸载荷作用下的一系列特性的试验,又称抗拉试验。它是材料机械性能试验的基本方法之一,主要用于检验材料是否符合规定的标准和研究材料的性能。拉伸试验过程中通过不断增加的拉力作用在特殊设计的中间窄两头宽的平的或圆形的试样上,其加载过程和应力状态可监控。图6-3为拉伸试验示意图。

1. 拉伸机

拉伸试验是最重要的材料力学性能测试方法之一。材料试样被固定在专用的材料试验机上,一端固定在不动架上,一端固定在移动架上。在移动架上配有测力计用来测量加在试样上的

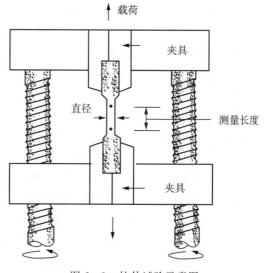

图 6-3　拉伸试验示意图

载荷。

2. 拉伸试样

为了使这种试验有精确的可重复性,并能同其他试验方法相比较,拉伸试样必须做成规定的形状,图 6-5 给出了平板拉伸试样的尺寸。从标距外端延伸到材料两端的弧线是设计用来降低试样两端的应力集中。

图 6-4　拉伸试验机

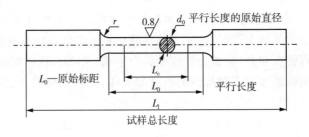

图 6-5　拉伸试验所用试样

3. 应力-应变图特征参数

图 6-6 给出了拉伸应力-应变图的三个特征参数,分别为弹性极限、抗拉强度和断点。

(1)弹性极限:开始塑性流动且应力材料在荷载移除后不会恢复原始形状的点。

(2)抗拉强度:最大载荷点,超过该值时破裂发生,而不会进一步增加载荷。

(3)断点:试样发生断裂的点,材料的延展性可以从断裂试样的特征—延伸率和颈部的面积缩小率中得出。

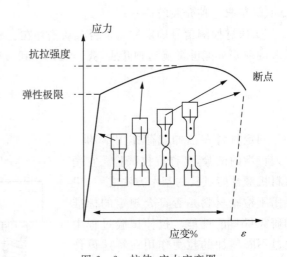

图 6-6　拉伸-应力应变图

拉伸试验引用的标准如下:

(1)GB/T 228.1—2021　金属材料拉伸试验　第 1 部分:室温试验方法;

(2)GB/T 228.2—2021　金属材料拉伸试验　第 2 部分:高温试验方法;

(3)GB/T 228.3—2021　金属材料拉伸试验　第 3 部分:低温试验方法;

(4)GB/T 32498—2016　金属基复合材料拉伸试验　室温试验方法;

(5)GB/T 2039—2012　金属材料单轴拉伸蠕变试验方法;

(6)GB/T 2975—2018　钢及钢产品力学性能试验取样位置及试样制备;

(7)GB/T 4338—2006　金属材料高温拉伸试验方法。

6.3　压缩试验

试样破坏时的最大压缩载荷除以试样的横截面积,称为压缩强度极限或抗压强度。压缩试验主要适用于脆性材料,如铸铁、轴承合金和建筑材料等,如图 6 - 7 所示为压缩试验机。对于塑性材料,无法测出压缩强度极限,但可以测量出弹性模量、比例极限和屈服强度等。与拉伸试验相似,通过压缩试验可以作出压缩曲线。在弹性极限以内,大多数材料在压缩和拉伸作用下的表现基本一样。但是,铸铁的抗拉强度只有抗压强度的一半,所以铸铁一般用于载荷为压力的地方。材料的压缩试验和拉伸试验类似,试样被固定在相对运动的样品架上,受压力作用。压缩试样的长度必须小于直径,以免由于加载不均匀或者偏心导致试样弯曲。

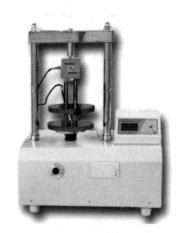

图 6 - 7　压缩试验机

压缩试验引用的标准如下:

(1)GB/T 7314—2017　金属材料室温压缩试验方法;

(2)GB/T 4338—2006　金属材料高温拉伸试验方法;

(3)GB/T 3251—2016　铝及铝合金管材压缩试验方法;

(4)GB/T 23370—2009　硬质合金压缩试验方法。

6.4　横弯试验

在某些情况下,需要有相当于标准拉伸试验的等价试验,因为对于某些材料,由于难以加工和本身很脆,很难将他们做成标准的拉伸试样,陶瓷就是如此。即使能够将脆性材料做成拉伸试样,拉伸试验的结果也不可靠。因为在试验中很难保证载荷加在试样的轴心线上,而且载荷方向平行于试样轴线,这样容易在试样中产生弯矩。如果试样是塑性材料,试样尤其在加载的位置会发生少量塑性变形来调整试样受力状态使截面受力均匀。对于脆性材料,不会发生塑性变形来调整受力状态,导致试样一边的应力高于另一边。当应力较高的一边达到极限值,试样就发生断裂,而这时的应力的观测值是以受力均匀为前提的,则会偏低。结果一组同样的脆性试样的拉伸试验结果非常分散,不能说明材料的真实强度。

横弯试验反映材料的信息不像拉伸试验那么多,它的试样也比拉伸试样容易制备,特别适合于脆性材料。大多数情况下,可以用一个实际工件作为样品。这项试验最适合于那些用来作横梁的材料。横弯试验是检测钢筋混凝土强度的唯一有效方法。

横弯试验加载在如图 6 - 8 所示的简支架。虽然对于一些特殊材料有特殊的标准,但横弯试验不像拉伸试验有统一的标准。

抗弯模量,或叫做抗弯强度,通过下式计算:

$$S_r = \frac{3PL}{2bd^2}$$

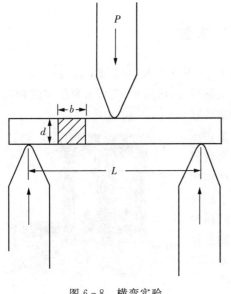

图 6-8　横弯实验

在应力与应变成正比的情况下,上面的公式可以计算试样外表面所受的最大应力。但这个前提常常不成立,所以计算得到的应力总是高于折断时试样外表面所受的最大应力。因此不能将抗弯强度与材料做拉伸试验中得到的极限强度作比较,也不能把抗弯强度当作抗拉强度进行设计。抗弯强度只能用于材料之间的比较,或者在材料用作横梁时使用。

横弯试验引用的标准如下:

(1)GB/T 232—2010　金属材料弯曲试验方法;

(2)GB/T 238—2013　金属材料线材反复弯曲试验方法;

(3)GB/T 235—2013　金属材料薄板和薄带反复弯曲试验方法;

(4)GB/T 2653—2008　焊接接头弯曲试验方法;

(5)CB/T 3351—2008　船舶焊接接头弯曲试验方法;

(6)GB/T 12347—2008　钢丝绳弯曲疲劳试验方法。

6.5　剪切试验

剪切这个词的意义比切应力更广泛。它可以指使材料受剪切作用的系统。实际上,在这样的系统中,应力的分布极为复杂。然而可以用一种非常简单的剪切强度试验模拟实际的剪切情况。从剪切试验获得的数据可以用来指导使用在与试验条件类似的载荷情况下的产品的设计。例如在使用螺栓和铆钉时,或者剪切材料,材料都受剪切应力作用。在如图 6-9 所示的剪切强度试验中,截面积为 A 的棒在两边同时断裂,断裂面面积为 $2A$,则材料的剪切强度为 $P/2A$。

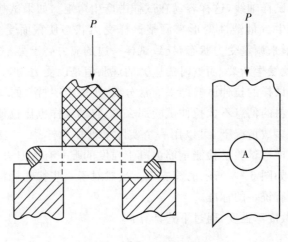

图 6-9　剪切强度试验

剪切试验引用的标准如下：

(1)GB/T 6400—2007　金属材料线材和铆钉剪切试验方法；

(2)GB/T 3250—2017　铝及铝合金铆钉线与铆钉剪切试验方法及铆钉线铆接试验方法；

(3)GB/T 6291—2013　夹扭钳和剪切钳试验方法；

(4)GB/T 11363—2007　钎焊接头强度试验办法。

6.6　疲劳试验

金属有可能在一定次数的循环应力重复作用后失效,尽管所加的最大应力比静态试验时测得的强度小得多。与同一方向循环应力相比,在拉应力和压应力循环作用下,金属更容易失效。一项综合研究表示,90%的失效与疲劳有关,如图6-10所示为疲劳试验台机械结构示意图。对使用时要受到振动等循环应力作用的部件的设计,必须使这种循环应力足够小,以避免疲劳失效的发生。

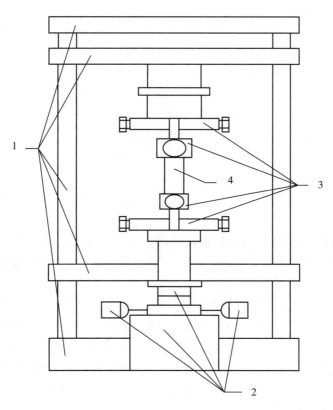

1—试验台框架;2—液压加载系统;3—固定夹具;4—连杆试件

图6-10　疲劳试验台机械结构示意图

1. 疲劳失效

疲劳失效是一种材料在远低于正常强度情况下的往复交替和周期循环应力下,产生逐渐扩展的脆性裂纹,导致最终断裂的倾向。

疲劳失效总是起始于一些由于形状和缺陷造成的应力集中区域。材料上的穿孔,表面的划伤,内部的缺陷如微孔、裂纹、夹杂甚至晶界腐蚀都可能是疲劳失效的起源。在应力不断作用下,在这些疲劳源上会产生裂纹,裂纹不断扩展,直到材料无法承受载荷,发生断裂。这种断裂总是突然的脆性断裂。疲劳断裂的一部分非常光滑、平坦,而其他部分则是典型的晶粒结构。显示出晶粒结构的部分就是突然撕裂造成的,而平坦的部分是由于在循环应力作用下裂纹不断的扩展使得材料之间发生相对位移把裂纹表面磨平了。

2. 极限寿命

因为在长时间循环应力的作用下,材料的失效应力往往远低于标准拉伸试验给出的强度。有一种专门的试验机可以用来弯折板状试样或者对旋转的轴施加横向载荷。记录加载的循环次数,可以确定材料的极限寿命。疲劳极限就是无限次应力循环中不会发生失效的最高应力。如果受循环应力的作用,材料将永远不会失效。疲劳极限与拉伸强度的关系密切。大多数材料的疲劳极限是材料拉伸强度的三分之一到二分之一。

3. 疲劳强度

如果无法确定材料的疲劳或者需要极长时间的测试,可以使用疲劳强度来评估材料抵抗疲劳应力的能力。疲劳强度定义为:在一定次数循环应力作用而不会失效的最大应力。必须指明疲劳强度所对应的循环次数,因为在这一应力时继续增加循环次数仍然会使材料失效。

疲劳试验引用的标准如下:

(1)GB/T 6398—2017　金属材料疲劳裂纹扩展速率试验方法;

(2)GB/T 3075—2021　金属轴向疲劳试验方法;

(3)GB/T 4337—2016　金属旋转弯曲疲劳试验方法;

(4)GB/T 12443—2017　金属扭应力疲劳试验方法。

6.7　蠕变试验

蠕变是指材料在低于弹性极限的恒定载荷下的持续变形过程。常温下,材料的蠕变非常小,可以被忽视。在使用温度较高时,设计时必须考虑材料的缓慢的塑性变形。这点对于使高温环境的高强度材料尤为重要。

蠕变试验是在某一温度下,把一恒定载荷加于材料上,在长时间内测量材料的形变率。试验结果如图6-11所示的长度变化率与时间关系曲线,并标明试验的温度和载荷。大多数的蠕变实验至少需做1000小时。材料的蠕变强度指能使材料产生一定蠕变速率(曲线直线部分的斜率)的应力。通常可以在10000小时内使材料产生1%的塑性变形的应力为蠕变强度。应力破坏强度定义为在规定时间内和温度下,使材料失效的应力。

蠕变试验引用的标准如下:

(1)GB/T 2039—2012　金属材料单轴拉伸蠕变试验方法;

(2)GB/T 22077—2008　架空导线蠕变试验方法;

(3)GB/T 5073—1994　耐火材料压蠕变试验方法;

(4)GB/T 18042—2000　热塑性塑料管材蠕变比率的试验方法;

(5)GB/T 2039—2012　金属拉伸蠕变及持久试验方法。

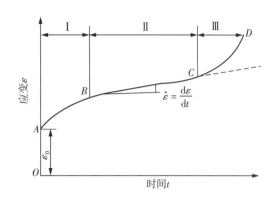

图 6-11 蠕变实验设备及蠕变曲线

6.8 冲击试验

材料在使用过程中经常受到动态载荷的冲击,它对材料实际作用远大于相同载荷缓慢加载或静态受力的作用。为了检验材料抵抗这种冲击载荷的能力,可以做能量吸收试验。这种试验的结果不直接用于设计,只能用来对不同的材料进行比较。虽然这种试验被称为冲击试验,但是实践中使材料断裂所需的能量与缓慢加载时消耗的能量差不多。真正的冲击断裂只能发生在很高速的过程中。这时,材料吸收能量的作用最小。

1. 摆锤冲击(夏比冲击)试验

常用的弯折冲击试验是摆锤试验。图 6-12 为冲击试验图,冲击试验机上装有摆锤,试验前将摆锤抬高,摆锤冲击缺口的背面,释放摆锤正好击中试样,并将试样打断。然后摆锤继续向前摆。测量摆锤的高度,可以计算出摆锤剩余的能量,进而计算出试样吸收的能量。

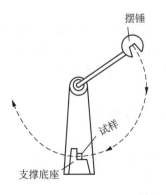
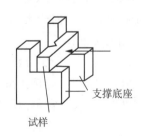

图 6-12 冲击图

2. V 型缺口(埃左冲击)试验

V 型缺口试样的一端固定在试验机上,用悬臂冲击试样有坡口的一面,能量的测定与摆锤冲击试验相同,如图 6-13 所示。通过摆锤在有无试验不同的幅度测量能量的吸收值,转变温度可通过不同温度下多次重复测试来测得。

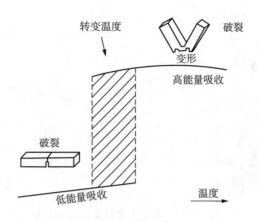

图 6-13   V 型缺口试验

3. 试样

冲击试样中采用两种缺口形式,如图 6-14 所示。V 型缺口是一个 45 度的槽,底部尖端弧线半径是 0.25 mm。试样对于缺口的大小和尖端的直径变化非常敏感,生产试样时一定要保证试验结果的可重复性。锁孔型缺口可以做得非常精确,但是受钻头直径的限制,缺口不能太小,所以它的缺口效应比较小。试样上开缺口是为了在缺口附近造成应力集中。缺口半径越小,应力集中越严重,缺口试验只能反映材料在相同条件下的力学行为,但是由于设计产品的形状和结构上的缺陷,经常使部件变成一缺口梁。

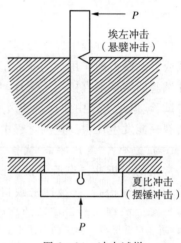

图 6-14   冲击试样

4. 冲击拉伸试验

为了与实际使用条件更接近,有时也采用冲击拉伸试验。冲击拉伸试验的样品没有缺口,被固定在试验机上,以保证承受单向拉伸的冲击载荷。带摆锤的标准冲击试验机可以对小试样进行冲击拉伸试验。对于大的试样可以用装有变速飞轮储能装置的试验机。

冲击试验引用的标准如下:

(1)GB/T 229—2020   金属材料夏比摆锤冲击试验方法;

(2)GB/T 2650—2022   焊接接头冲击试验方法;

(3)GB/T 8809—2015   塑料薄膜抗摆锤冲击试验方法;

(4)GB/T 1940—2009   木材冲击韧性试验方法。

6.9   弯折试验

如果材料使用时受到横向载荷,或者被局部加热,例如焊接,可以采用弯折试验检测。下图 6-15 为弯折试验机,试验方法是将试料固定在夹具上,并加一定荷重,试验时夹具左右摆动,经一定次数后,检视其断折率;或至材料破损时,查看其总的摆动次数。

1. 自由弯折试验

自由弯折试验是先把平直试样稍微变弯,然后在试样两端加压力载荷,直到试样断裂或者弯折180°。通常,这项试验所需载荷变化很大,所以没有利用价值,不用记录。材料断裂时弯折角度可以用来与其他材料作比较。

2. 导向弯折试验

在导向弯折试验中,试样以确定的半径被弯折180°。如果材料弯折不到180°时就发生断裂则是无效试验。因为材料在导向装置作用下发生非均匀塑性变形,所以无法与其他试验结果比较。有许多种半径可供选择,通过试验,可以确定能够弯折180°的最小直径。

图6-15 弯折试验机

弯折试验引用的标准如下:

(1)GB/T 232—2010 金属材料弯曲试验方法;

(2)GB/T 238—2013 金属材料线材反复弯曲试验方法;

(3)GB/T 235—2013 金属材料薄板和薄带反复弯曲试验方法;

(4)GB/T 38806—2020 金属材料薄板和薄带弯折性能试验方法。

6.10 硬度试验

检验材料性能最常用的是硬度试验。如果知道材料的组成和处理工艺,硬度试验可以作为检测材料性能的间接手段,而不仅仅是得到材料的硬度。例如,有时硬度可以用来判别原材料的成分,判定材料的热处理工艺是否合格,反映产品的强度和耐磨性。所以经常对原材料生产过程中半成品以及产品做硬度测试。

大多数的硬度测试是以某种形式检测近表面处材料抵抗穿透的能力。利用任何一种压头去压材料都要加力,并导致被测材料的塑性变形。多数硬度测试反映或部分反映了材料的加工硬化程度。这也说明为什么很难把一种硬度转化为另一种硬度。因为不同的硬度并不反映同一个东西。但是这些硬度测试仍然非常有用。

1. 布氏硬度

1900年,一个叫Johan August Brinell的瑞典工程师创造了一种新的硬度测量规范。这种方法是用一定的力把一个硬钢球压进材料,通过测量压痕的大小算出布氏硬度值(图6-16)。通过改变钢球的大小以及压力的大小,可以测量较大范围的硬度。一般常用的硬度测量可用直径10 mm的钢球。采用3000 kg的压力压10秒钟来检测钢的硬度,或者采用500 kg的压力压30秒钟测量有色金属的硬度。布氏硬度的数值等于所加压力的公斤数除以压痕面积。实际测量时,用测量显微镜测压痕的平均直径,然后查表得到布氏硬度值。

布氏硬度测量方法:用载荷为 P 的力,将直径为 D 的淬火钢球或硬质合金球压入金属

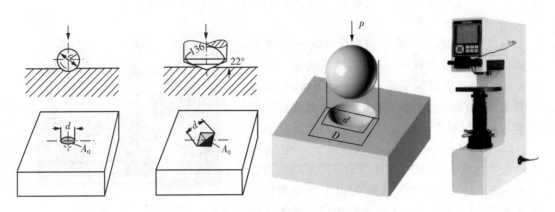

图 6-16　布氏硬度测量及布氏硬度计

表面并保持一段时间,然后去除载荷,测量金属表面圆形凹陷压痕的直径 d,计算出压痕表面积 A,每单位面积承受的力 P/A 被称为布氏硬度值,用符号 HBS 或 HBW 来表示。

$$HB = P/A = P/\pi Dh。$$

压头为钢球时,布氏硬度用符号 HBS 表示,适用于布氏硬度值在 450 以下的材料。压头为硬质合金球时,用符号 HBW 表示,适用于布氏硬度在 650 以下的材料。符号 HBS 或 HBW 之前的数字表示硬度值(布氏硬度有单位,但不标),符号后面的数字按顺序分别表示球体直径、载荷及载荷保持时间。如 120HBS10/1000/30 表示直径为 10 mm 的钢球在 1000 kgf(约 9.807 kN)载荷作用下保持 30s 测得的布氏硬度值为 120,如果保载时间为 10 s~15 s(如黑色金属)则不标出。

布氏硬度的优点与缺点:与其他硬度测试方法相比,布氏硬度测试的优点在于它测量的面积比较大,这样就避免了由于材料本身的缺陷和不均匀性带来的误差。这种误差常存在于测量面积只有几个晶粒大小的硬度测试方法中。在中等硬度范围,普碳低合金钢的拉伸强度和布氏硬度对应得非常好,可以把布氏硬度值乘以 500 来估计它的拉伸强度。布氏硬度测试方法的缺点是提供压力的机器设备太笨重,而且总是不能将钢球压在指定的位置上。此外,钢球也无法压在很细的材料上,即不能测量小样品的硬度。布氏硬度测试的压痕比较大,会破坏加工好的表面,因此适于测量退火、正火、调质钢,铸铁及有色金属的硬度。

2. 维氏硬度

维氏硬度,是指用一个相对面间夹角为 136° 的金刚石正棱锥体压头,在规定载荷 F 作用下压入被测试样表面,保持定时间后卸除载荷,测量压痕对角线长度 d,进而计算出压痕表面积,最后求出压痕表面积上的平均压力,即为金属的维氏硬度值,用符号 HV 表示。

维氏硬度与布氏硬度类似,不同的是,维氏硬度的压头是四棱锥金刚石。可以通过转换光学显微镜来精确的测量。同布氏硬度一样,维氏硬度值也是压力与压痕面积的比值。在较低的硬度范围,低于布氏硬度 300,维氏硬度与布氏硬度几乎一样。但超过这个范围它们之间开始出现偏差,这主要是因为高硬度测量布氏硬度的钢球发生变形。

3. 洛氏硬度

洛氏硬度是一种最常用的硬度测试方法,因为它操作简便,留下的压痕也很小(图 6 - 17)。洛氏硬度也是一种压痕测试方法,但是硬度值是通过测量压痕的深度确定。压痕的深度可以直接从加压设备的刻度盘上读出(图 6 - 18 是洛氏硬度计)。测量硬度之前,先在压头上预加一个 10 kg 的小载荷,这样可以消除污物、油膜、刻度盘或其他样品表面的原因造成的读数误差。然后压头被压在材料上,根据所选的压头和刻度的不同,加在压头上的力可以为 60、100 或 150 kg。当压头停止在最大深度上,载荷被卸掉。这段时间可以由机器控制。压头被压入材料的深度被转化为洛氏硬度值,直接显示在刻度盘上。

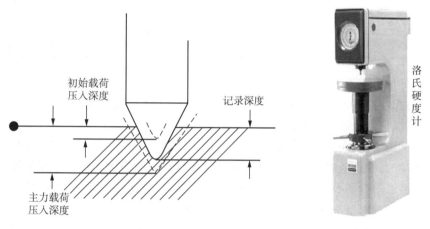

初始载荷
压入深度

记录深度

主力载荷
压入深度

图 6 - 17　洛氏硬度测量　　　　　　　　　　　　图 6 - 18　洛氏硬度计

洛氏硬度计

洛氏硬度测量方法:将标准压头用规定压力压入金属表面并保持一段时间,然后去除载荷,测量压痕深度,从而确定金属的硬度值。金属越硬,压痕深度越浅,反之亦然。

为适应人们习惯上数字越大硬度越高的概念,人为规定一常数 K 减去压痕深度 h 的值作为洛氏硬度值的指标,并规定每 0.002 mm 作为一个洛氏硬度单位,用 HR 表示(洛氏硬度无单位):

$$HR = (K - h)/0.002$$

洛氏硬度试验的压头有两种:硬质压头——顶角为 120° 的金刚石圆锥体,适用于淬火钢等硬度值较高的材料。软值压头——直径为 1.588 mm 的淬火钢球,适用于退火钢、有色金属等硬度值较低的材料。

符号 HR 前面的数字为硬度值,后面为使用的标尺。根据压头类型和主载荷不同,分为九个标尺,常用的标尺为 A、B、C。HRA 用于测量高硬度材料,如硬质合金、表淬层和渗碳层。HRB 用于测量低硬度材料,如有色金属和退火、正火钢等。HRC 用于测量中等硬度材料,如调质钢、淬火钢等。洛氏硬度的优点:操作简便,压痕小,适用范围广。缺点:测量结果分散度大。

标准洛氏硬度分度:尽管标准中包括有直径为 3.16 mm 钢球压头,洛氏硬度仪一般都只用两种标准压头。一种是用于软材料的 1.58 mm 直径的压头。它被固定在一个特殊的卡座上,如果压头损坏了就可以方便的更换。较硬的材料会使钢质压头变形,所以测量硬质材料采用金刚石压头,压头为圆锥形,顶角为120°,底面直径0.2 mm。洛氏硬度用一个字母表示选用的压头和载荷,表6-1列出了不同字母对应的载荷和压头。

表6-1　载荷和压头

刻　度	载荷(kg)	压　头
A	60	金刚石圆锥
B	100	3.16 mm 英寸钢球
C	150	金刚石圆锥
D	100	金刚石圆锥
F	60	3.16 mm 钢球
G	50	3.16 mm 钢球

这些字母指出了测量硬度的条件,单独一个硬度值可以被理解为好几个不同的硬度条件。例如,洛氏硬度 B60 表示较软的材料,像铜合金。而 C60 也可以写作 Rc60 则代表极高的硬度,如可以切削金属的工具钢。

表面洛氏硬度:表面洛氏硬度计与标准的洛氏硬度计基本一样,它只专门用来测试那些要求压痕很浅的样品,或者只想测量材料表面的硬度。表面洛氏硬度除了使用同样的压头,还有一种高精度的金刚石压头为 N 型金刚石圆锥压头。表而硬度测试所用的载荷也很小:15,30 和 45 kg。表6-2列出了表面洛氏硬度的条件。

表6-2　表面洛氏硬度的条件

刻　度	载荷(kg)	压　头
15N	15	N 型金刚石圆锥
30N	30	N 型金刚石圆锥
45N	45	N 型金刚石圆锥
15T	15	1.58 mm 钢球
30T	30	1.58 mm 钢球
45T	45	1.58 mm 钢球

和普通洛氏硬度一样,表示测试条件的字母也必须在硬度值的前面注明。

4. 肖式硬度

表示材料硬度的一种标准,由美国人 Albert Ferdinand Shore 于 1920 年提出并发明了相应的硬度计,又称邵氏硬度或邵尔硬度。

肖氏硬度度量塑料、橡胶与玻璃等非金属材料的硬度时,单位是 HA、HC、HD,采用静态挤压测量法;度量金属材料的硬度时,单位是 HS,采用动态回弹测量法。测量方法和面向对象均不同,两者不可混用。

肖氏硬度所对应测量仪器为肖氏硬度计,如图 6-19 所示。主要分为三类:A 型,C型和 D 型。其测量原理完全相同,所不同的是测针的尺寸特别是尖端直径不同,C 型最大,D 型最小。A 型适用于一般橡胶、合成橡胶、软橡胶,多元脂、皮革、蜡等。C 型适用于橡塑并用、塑料中含有发泡剂制成的微孔材料。D型适用于一般硬橡胶、树脂、亚克力、玻璃、热塑性橡胶、印刷板、纤维等。A 型硬度计示值低于10 HA 或高于 90 HA 时是不准确的,建议相应更换 C 型和 D 型进行测量。值得说明,A 型肖氏硬度试验方法是使用历史最为悠久、应用最广泛的橡胶硬度测量手段,A 型肖氏硬度计约占目前国内使用的橡胶硬度计 90% 以上。比如,常见的聚氨酯硬度有 50、70、90 等。

图 6 - 19　肖氏硬度计

　　测量方法:用肖氏硬度计插入被测材料,表盘上的指针通过弹簧与一个刺针相连,用针刺入被测物表面,表盘上所显示的数值即为硬度值。肖氏硬度计测出的值的读数,它的单位是"度",其描述方法分A、D 两种,分别代表不同的硬度范围,90 度以下的用肖氏 A 硬度计测试,并得出数据,90 度及以上的用肖氏 D 硬度计测试并得出数据。所以,一般来讲对于一个橡胶或塑料制品,在测试的时候,测试人员能根据经验进行测试前的预判,从而决定用肖氏 A 硬度计还是用肖氏 D 硬度计来进行测试。一般手感弹性比较大或者说偏软的制品,测试人员可以直接判断用肖氏 A 硬度计测试,如:文具类胶水瓶,TPU TPR 塑料膜袋等制品。而手感基本没什么弹性或者说偏硬的就可以用肖氏 D 硬度计进行测试,如:PC ABS PP 等制品。如果度数是肖氏 Axx,说明硬度相对不高,如果是肖氏 Dxx 说明其硬度相对较高。

5. 微观硬度

　　在研究工作中,常常要测试非常小的区域的硬度。这可以用微观硬度计来测量。其中应用较广的是 Tukon 微观硬度计,如图 6 - 20 所示。通常,微观硬度计配有加长的钻石压头。测量压痕的尺寸可以得到努普硬度值。努普硬度值不能直接与布氏硬度或维氏硬度比较,因为长压痕更容易受材料的各向异性影响。如果使用对称的四棱锥形压头,测出的硬度可以与其他硬度对比。

　　如果载荷较小,得到的压痕也较小,则进行硬度测试时也要越小心,对表面的损伤当然也越小。在布氏硬度测试时,表面小范围的缺陷可以被平均效应去掉,因为它的测试面积较大。而在微观硬度测试中,压痕只有微米级,一点小划伤或表面缺陷会造成较大的误差。微观硬度通常都是在经过抛光的表面上测试。为了提高可重复性,可以腐蚀表面,显示出组织结构,就可以精确的确定测试点。

图 6 - 20　Tukon 微观硬度计

　　硬度试验引用的标准如下:

　　(1) GB/T 4341—2014　　金属肖氏硬度试验

方法;

    (2)GB/T 231.1—2018　金属材料布氏硬度试验　第 1 部分:试验方法;

    (3)GB/T 231.2—2018　金属材料布氏硬度试验　第 2 部分:硬度计的检验与校准;

    (4)GB/T 231.3—2018　金属材料布氏硬度试验　第 3 部分:标准硬度块的标定;

    (5)GB/T 231.4—2018　金属材料 布氏硬度试验　第 4 部分:硬度值表;

    (6)GB/T 4340.1—2009　金属材料维氏硬度试验　第 1 部分:试验方法;

    (7)GB/T 4340.2—2009　金属材料维氏硬度试验　第 2 部分:硬度计的检验与校准;

    (8)GB/T 4340.3—2009　金属材料维氏硬度试验　第 3 部分:标准硬度块的标定;

    (9)GB/T 4340.4—2009　金属材料维氏硬度试验　第 4 部分:硬度值表。

6.11　低倍试验

    用肉眼或放大镜对锻造流线、晶粒大小以及冶金或铸造缺陷(如疏松、偏析、气孔、夹杂物、裂纹等)以及断口的宏观特征等所进行的检验,这种检验方法也称低倍检验,如图 6-21 所示为低倍试验设备。低倍检验的样品,一般需经粗磨并用特定试剂腐蚀后观察,也可直接观察零件表面或断裂表面。低倍检验观察到的组织称为低倍组织。低倍组织对金属及合金的质量和力学性能有直接的影响。在生产中制定了相应的检验标准,如晶粒度标准、疏松标准、夹杂物标准等。

    钢的宏观检验是进行试样检验或直接在钢件上进行检验,其特点是检验面积大,易检查出分散缺陷,且设备及操作简易,检验速度快。各国标准都规定要使用宏观检验方法来检验钢的宏观缺陷。传统的铸坯宏观检验通常包括:酸蚀试验法、硫印检验法、断口检验法等。酸蚀法又包括:热酸蚀法、冷酸蚀法。对钢坯凝固组织及缺陷的宏观检验方法主要采用低倍热酸蚀法、硫印法、冷酸蚀检验法。所检试面一般为钢坯横截面。伴随着冶金工艺技术的优化研究,近年来又开发出枝晶检验法,就钢坯凝固组织的各种特性而言,每种检验方法都有其独特的针对性,如图 6-22 所示为实验中心低倍试验案例。很多情况下,上述方法可以同时并用,互相补充,以达到充分反映钢坯质量和结晶状况的目的。

图 6-21　实验中心低倍试验设备

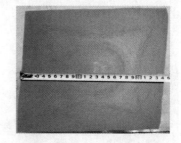
图 6-22　低倍试验-锭型偏析

    低倍试验引用的标准如下:

    (1)GB/T 3246.2—2012　变形铝及铝合金制品组织检验方法　第 2 部分:低倍组织检验方法;

    (2)GB/T 14999.1—2012　高温合金试验方法　第 1 部分:纵向低倍组织及缺陷酸浸

检验；

（3）GB/T 14999.2—2012　高温合金试验方法　第 2 部分：横向低倍组织及缺陷酸浸
检验；

（4）GB/T 24178—2009　连铸钢坯凝固组织低倍评定方法；

（5）GB/T 4297—2004　变形镁合金低倍组织检验方法；

（6）GB/T 3246.2—2012　变形铝及铝合金制品低倍组织检验方法；

（7）GB/T 4297—2004　镁合金加工制品低倍组织检验方法。

6.12　金相试验

用光学显微镜或电子显微镜等对合金的内部组织及其在加工和使用过程中的变化所进
行的检验，称为金相检验，金相检验也称显微检验。在国防科技工业各部门，金相检验已成
为合金和锻、铸件质量的常规检验方法，制定了各种检验标准。金相检验也是研究合金和分
析零件失效的重要方法，如图 6 - 23 所示为金相试验设备。

显微检验的样品，一般需经砂纸研磨，再行抛光（机械抛光或电解抛光），然后根据需要，
用特定试剂腐蚀（化学侵蚀或电解腐蚀）显露其组织。显微检验观察到的组织称为显微组
织。显微组织包括金属及合金各种组成相的性质、形态和分布，晶界结构，位错线和形变滑
移线的分布，断口的显微特征等，图 6 - 24 为金相试验案例。

图 6 - 23　金相试验设备

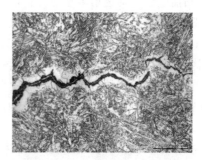

放大倍数：500×，裂纹两侧脱碳，既有穿晶
又有沿晶，基体组织为索氏体＋碳化物

图 6 - 24　金相试验照片

金相组织观察方法：观察组织组成物和种类，观察形态，组成物的分布。

（1）组织组成物的形态是我们判别组成物的极其重要的依据之一。一些特定组织具有
极显著的特征，如典型的珠光体具有层片状（或称指纹状）特征，一看就知道是珠光体；羽毛
状物是上贝氏体；白色的块状物不是铁素体就是奥氏体或碳化物；黑色针状物不是马氏体就
是下贝氏体；沿晶分布的白色块状或针状肯定是铁素体或碳化物（渗碳体）两者之一等等。

（2）要观察组织物是片状、针状、块状、颗粒状、条状、网状或者其他什么形状。有时，
还要精细观察是单一相还是复合相。

（3）在观察中要注意试样的浸蚀程度，只有合理的浸蚀，各种组织才会正确地显现出来。
同时，制样也很关键，错误的制样可能导致对组成物的错误判断。由于制样和浸蚀问题，导

致的判断错误在新手中屡见不鲜。

（4）在观察中还要注意，对于观察到的白色或黑色物，不要轻易就认为是一种组成物。对于白色的可能是奥氏体或铁素体，更有可能是碳化物；对于黑色物，可能由于其极其细密，在常规倍数下观察根本无法分开。

金相试验引用的标准如下：

（1）GB/T 10561—2023　钢中非金属夹杂物含量的测定；

（2）GB/T 6394—2017　金属平均晶粒度测定方法；

（3）GB/T 13298—2015　金属显微组织检验方法；

（4）GB/T 13299—2022　钢的显微组织评定方法。

6.13　扫描电镜试验

扫描电镜是利用聚焦的很窄的高能电子束来扫描样品，通过光束与物质间的相互作用，来激发各种物理信息，对这些信息收集、放大、再成像以达到对物质微观形貌表征的目的。新式的扫描电子显微镜的分辨率可以达到 1 nm，放大倍数可以达到 30 万倍及以上连续可调，并且景深大，视野大，成像立体效果好。此外，扫描电子显微镜和其他分析仪器相结合，可以做到观察微观形貌的同时进行物质微区成分分析。因此扫描电子显微镜在科学研究领域具有重大作用。

扫描电镜包括透射电子显微镜（TEM）、扫描电子显微镜（SEM）和扫描透射电子显微镜（STEM）三类。TEM 的放大倍数可达几十万倍，分辨率达 0.2 nm；SEM 可分析 150 mm×150 mm 的实物断口，图像极限分辨率达 0.6 nm，配以波长色散谱议（WDS）或能谱仪（EDS）尚可实现微区化学分析；STEM 是前两者的结合，可兼有两者的大部分功能。

研究显微组织的目的在于了解材料的组织结构及其与性能的关系，以便控制影响组织的工艺参数，获得所需的性能；分析构件失效的原因，作为改进设计和生产工艺的依据。

1. 基本结构

扫描电镜主要有真空系统，电子束系统以及成像系统，如图 6-25 所示。

（1）真空系统

真空系统主要包括真空泵和真空柱两部分。真空柱是一个密封的柱形容器。真空泵用来在真空柱内产生真空。有机械泵、油扩散泵以及涡轮分子泵三大类，机械泵加油扩散泵的组合可以满足配置钨枪的扫描电镜的真空要求，但对于装置了场致发射枪或六硼化镧枪的扫描电镜，则需要机械泵加涡轮分子泵的组合。成像系统和电子束系统均内置在真空柱中。真空柱底端即为右图所示的密封室，用于放置样品。之所以要用真空，主要基于以下两点原因：电子束系统中的灯丝在普通大气中会迅速氧化而失效，所以除了在使用扫描电镜时

图 6-25　扫描电镜

需要用真空以外,平时还需要以纯氮气或惰性气体充满整个真空柱。为了增大电子的平均自由程,从而使得用于成像的电子更多。

(2)电子束系统

电子束系统由电子枪和电磁透镜两部分组成,主要用于产生一束能量分布极窄的、电子能量确定的电子束用以扫描成像。

电子枪:用于产生电子,主要有两大类,共三种。一类是利用场致发射效应产生电子,称为场致发射电子枪。这种电子枪极其昂贵,在十万美元以上,且需要小于 $10\sim10$ torr 的极高真空。但它具有至少 1000 小时以上的寿命,且不需要电磁透镜系统。另一类则是利用热发射效应产生电子,有钨枪和六硼化镧枪两种。钨枪寿命在 $30\sim100$ 小时之间,价格便宜,但成像不如其他两种明亮,常作为廉价或标准扫描电镜配置。六硼化镧枪寿命介于场致发射电子枪与钨枪之间,为 $200\sim1000$ 小时,价格约为钨枪的十倍,图像比钨枪明亮 $5\sim10$ 倍,需要略高于钨枪的真空,一般在 $10\sim7$ torr 以上;但比钨枪容易产生过度饱和和热激发问题。

电磁透镜:热发射电子需要电磁透镜来成束,所以在用热发射电子枪的扫描电镜上,电磁透镜必不可少,通常会装配两组。

汇聚透镜:顾名思义,汇聚透镜用汇聚电子束,装配在真空柱中,位于电子枪之下。通常不止一个,并有一组汇聚光圈与之相配。但汇聚透镜仅仅用于汇聚电子束,与成像会焦无关。

物镜:为真空柱中最下方的一个电磁透镜,它负责将电子束的焦点汇聚到样品表面。

(3)成像系统

电子经过一系列电磁透镜成束后,打到样品上与样品相互作用,会产生次级电子、背散射电子、欧革电子以及 X 射线等一系列信号。所以需要不同的探测器譬如次级电子探测器、X 射线能谱分析仪等来区分这些信号以获得所需要的信息。虽然 X 射线信号不能用于成像,但习惯上,仍然将 X 射线分析系统划分到成像系统中。

有些探测器造价昂贵,比如 Robinsons 式背散射电子探测器,这时可以使用次级电子探测器代替,但需要设定一个偏压电场以筛除次级电子。

2. 性能参数

(1)放大倍数

扫描电镜的放大倍数 M 定义为:在显像管中,电子束在荧光屏上最大扫描距离和在镜筒中电子束针在试样上最大扫描距离的比值 $M=l/L$

式中 l 指荧光屏长度;L 是指电子束在试样上扫过的长度。这个比值是通过调节扫描线圈上的电流来改变的。

(2)景深

扫描电镜的景深比较大,成像富有立体感,所以它特别适用于粗糙样品表面的观察和分析。

(3)分辨率

分辨本领是扫描电镜的主要性能指标之一,在理想情况下,二次电子像分辨率等于电子束斑直径。

(4)场深

在 SEM 中,位于焦平面上下的一小层区域内的样品点都可以得到良好的会焦而成像。

这一小层的厚度称为场深,通常为几纳米厚,所以,SEM 可以用于纳米级样品的三维成像。

(5)作用体积

电子束不仅仅与样品表层原子发生作用,它实际上与一定厚度范围内的样品原子发生作用,所以存在一个作用"体积"。作用体积的厚度因信号的不同而不同:

欧革电子:0.5～2 nm;次级电子:5λ,对于导体,$\lambda=1$ nm;对于绝缘体,$\lambda=10$ nm;背散射电子:10 倍于次级电子;特征 X 射线:微米级;X 射线连续谱:略大于特征 X 射线,也在微米级。

3. 主要应用

扫描电镜是一种多功能的仪器、具有很多优越的性能、是用途最为广泛的一种仪器。它可以进行如下基本分析:

(1)观察纳米材料

所谓纳米材料就是指组成材料的颗粒或微晶尺寸在 0.1～100 nm 范围内,在保持表面洁净的条件下加压成型而得到的固体材料。纳米材料具有许多与晶体、非晶态不同的、独特的物理化学性质。纳米材料有着广阔的发展前景,将成为未来材料研究的重点方向。扫描电镜的一个重要特点就是具有很高的分辨率,现已广泛用于观察纳米材料。

(2)材料断口的分析

扫描电镜的另一个重要特点是景深大,图像富立体感。扫描电镜的焦深比透射电子显微镜大 10 倍,比光学显微镜大几百倍。由于图像景深大,故所得扫描电子象富有立体感,具有三维形态,能够提供比其他显微镜多得多的信息,这个特点对使用者很有价值。扫描电镜所显示的断口形貌从深层次,高景深的角度呈现材料断裂的本质,在教学、科研和生产中,有不可替代的作用,在材料断裂原因的分析、事故原因的分析以及工艺合理性的判定等方面是一个强有力的手段。

(3)观察原始表面

它能够直接观察直径 100 mm,高 50 mm,或更大尺寸的试样,对试样的形状没有任何限制,粗糙表面也能观察(有些需要做抛光处理),这便免除了制备样品的麻烦,而且能真实观察试样本身物质成分不同的衬度(背反射电子象)。

(4)观察厚试样

扫描电镜在观察厚试样时,能得到高的分辨率和最真实的形貌。扫描电子显微的分辨率介于光学显微镜和透射电子显微镜之间,但在对厚块试样的观察进行比较时,因为在透射电子显微镜中还要采用复膜方法,而复膜的分辨率通常只能达到 10 nm,且观察的不是试样本身。因此,用扫描电镜观察厚块试样更有利,更能得到真实的试样表面情况。

(5)观察区域细节

试样在样品室中可动的范围非常大,其他方式显微镜的工作距离通常只有 2～3 cm,故实际上只许可试样在两度空间内运动,但在扫描电镜中则不同。由于工作距离大(可大于 20 mm),焦深大(比透射电子显微镜大 10 倍),样品室的空间也大。因此,可以让试样在三度空间内有 6 个自由度运动(即三度空间平移、三度空间旋转)。且可动范围大,这对观察不规则形状试样的各个区域带来极大的方便。

(6)大视场低倍数观察

用扫描电镜观察试样的视场大。在扫描电镜中,能同时观察试样的视场范围 F 由下式来确定：$F=L/M$ 式中 F——视场范围；M——观察时的放大倍数；L——显像管的荧光屏尺寸。若扫描电镜采用 30 cm 的显像管，放大倍数 15 倍时，其视场范围可达 20 mm，大视场、低倍数观察样品的形貌对有些领域是很必要的。

（7）由高至低连续观察

放大倍数的可变范围很宽，且不用经常对焦。扫描电镜的放大倍数范围很宽（从 5 到 20 万倍连续可调），且一次聚焦好后即可从高倍到低倍、从低倍到高倍连续观察，不用重新聚焦，这对进行事故分析特别方便。

（8）进行动态观察

在扫描电镜中，成像的信息主要是电子信息，根据近代的电子工业技术水平，即使高速变化的电子信息，也能毫不困难的及时接收、处理和储存，故可进行一些动态过程的观察，如果在样品室内装有加热、冷却、弯曲、拉伸和离子刻蚀等附件，则可以通过电视装置，观察相变、断裂等动态的变化过程。

（9）从形貌获得资料

在扫描电镜中，不仅可以利用入射电子和试样相互作用产生各种信息来成像，而且可以通过信号处理方法，获得多种图象的特殊显示方法，还可以从试样的表面形貌获得多方面资料。因为扫描电子象不是同时记录的，它是分解为近百万个逐次依此记录构成的。因而使得扫描电镜除了观察表面形貌外还能进行成分和元素的分析，以及通过电子通道花样进行结晶学分析，选区尺寸可以从 3 μm 到 10 μm。

由于扫描电镜具有上述特点和功能，所以越来越受到科研人员的重视，用途日益广泛。现在扫描电镜已广泛用于材料科学（金属材料、非金属材料、纳米材料）、冶金、生物学、医学、半导体材料与器件、地质勘探、病虫害的防治、灾害（火灾、失效分析）鉴定、刑事侦查、宝石鉴定、工业生产中的产品质量鉴定及生产工艺控制等。

4. 工作原理

图 6-26 是扫描电镜的原理示意图。由最上边电子枪发射出来的电子束，经栅极聚焦后，在加速电压作用下，经过二至三个电磁透镜所组成的电子光学系统，电子束会聚成一个细的电子束聚焦在样品表面。在末级透镜上边装有扫描线圈，在它的作用下使电子束在样品表面扫描。由于高能电子束与样品物质的交互作用，结果产生了各种信息：二次电子、背反射电子、吸收电子、X 射线、俄歇电子、阴极发光和透射电子等。这些信号被相应的接收器接收，经放大后送到显像管的栅极上，调制显像管的亮度。由于经过扫描线圈上的电流是与显像管相应的亮度一一对应，也就是说，电子束打到样品上一点时，在显像管荧光屏上就出现一个亮点。扫描电镜就是这样采用逐点成像的方法，把样品表面不同的特征，按顺序，成比例地转换为视频信号，完成一帧图像，从而使我们在荧光屏上观察到样品表面的各种特征图像。

5. 样品处理

在进行扫描电镜观察前，要对样品作相应的处理。扫描电镜样品制备的主要要求是：尽可能使样品的表面结构保存好，没有变形和污染，样品干燥并且有良好导电性能。

（1）样品的初步处理

① 取材：扫描电镜来说，样品可以稍大些，面积可达 8 mm×8 mm，厚度可达 5 mm。对于易卷曲的样品如血管、胃肠道黏膜等，可固定在滤纸或卡片纸上，以充分暴露待观察的组

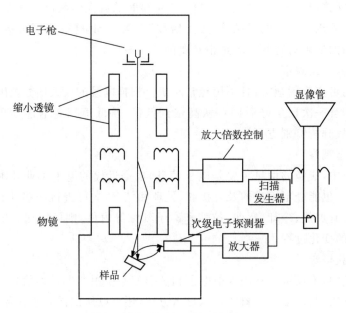

图 6-26　扫描电镜原理示意图

织表面。

　　② 样品的清洗：用扫描电镜观察的部位常常是样品的表面，即组织的游离面。由于样品取自活体组织，其表面常有血液、组织液或黏液附着，这会遮盖样品的表面结构，影响观察。因此，在样品固定之前，要将这些附着物清洗干净。

　　③ 固定：固定所用的试剂和透射电镜样品制备相同，常用戊二醛及锇酸双固定。由于样品体积较大，固定时间应适当延长，也可用快速冷冻固定。

　　④ 脱水：样品经漂洗后用逐级增高浓度的酒精或丙酮脱水，然后进入中间液，一般用醋酸异戊酯作中间液。

　　(2)样品的干燥

　　扫描电镜观察样品要求在高真空中进行。无论是水或脱水溶液，在高真空中都会产生剧烈地汽化，不仅影响真空度、污染样品，还会破坏样品的微细结构。因此，样品在用电镜观察之前必须进行干燥。干燥的方法有以下几种：

　　① 空气干燥法：空气干燥法又称自然干燥法，就是将经过脱水的样品，让其暴露在空气中使脱水剂逐渐挥发干燥。这种方法的最大优点是简便易行和节省时间；它的主要缺点是在干燥过程中，组织会由于脱水剂挥发时表面张力的作用而产生收缩变形。因此，该方法一般只适用于表面较为坚硬的样品。

　　② 临界点干燥法：临界点干燥法是利用物质在临界状态时，其表面张力等于零的特性，使样品的液体完全汽化，并以气体方式排掉，来达到完全干燥的目的。这样就可以避免表面张力的影响，较好地保存样品的微细结构。此法操作较为方便，所用的时间也不算长，一般约 2~3 小时即可完成，所以是最为常用的干燥方法。

　　③ 冷冻干燥法：冷冻干燥法是将经过冷冻的样品置于高真空中，通过升华除去样品中的水分或脱水剂的过程。冷冻干燥的基础是冰从样品中升华，即水分从固态直接转化为气态，不经过中间的液态，不存在气相和液相之间的表面张力对样品的作用，从而减轻在干燥

过程中对样品的损伤。

（3）样品的导电处理

生物样品经过脱水、干燥处理后，其表面不带电，导电性能也差。用扫描电镜观察时，当入射电子束打到样品上，会在样品表面产生电荷的积累，形成充电和放电效应，影响对图像的观察和拍照记录。因此在观察之前要进行导电处理，使样品表面导电。常用的导电方法有以下几种：

① 金属镀膜法：金属镀膜法是采用特殊装置将电阻率小的金属，如金、铂、钯等蒸发后覆盖在样品表面的方法。样品镀以金属膜后，不仅可以防止充电、放电效应，还可以减少电子束对样品的损伤作用，增加二次电子的产生率，获得良好的图像。

② 组织导电法：用金属镀膜法使样品表面导电，需要特殊的设备，操作比较复杂，同时对样品有一定程度的损伤。为了克服这些不足，有人采用组织导电法（又称导电染色法），即利用某些金属溶液对生物样品中的蛋白质、脂类和糖类等成分的结合作用，使样品表面离子化或产生导电性能好的金属盐类化合物，从而提高样品耐受电子束轰击的能力和导电率。

扫描电镜试验引用的标准如下：

（1）GB/T 30834—2022　钢中非金属夹杂物的评定和统计扫描电镜法；

（2）GB/T 31563—2015　金属覆盖层厚度测量扫描电镜法；

（3）GB/T 27788—2020　微束分析扫描电镜图像放大倍率校准导则；

（4）GB/T 25189—2010　微束分析扫描电镜能谱仪定量分析参数的测定方法；

（5）GB/T 16594—2008　微米级长度的扫描电镜测量方法通则。

第7章　缺陷相关知识

缺陷定义为应用无损检测方法可以检测到的非结构性不连续。尺寸、形状、取向、位置或性质不满足设计规定的验收标准,从而导致拒收的缺陷可称为超标缺陷。不连续则是制件正常组织结构或外形的间断(例如裂纹、折叠、夹杂、孔隙等等),这种间断可能会会影响零件的可用性。

本章节主要介绍材料不同制造工艺,例如金属铸造工艺、金属焊接工艺、金属塑性加工工艺、粉末冶金工艺、金属热处理工艺、机械与特种加工、非金属制造加工工艺以及服役工况的常见缺陷。

7.1　缺陷概述

缺陷可按来源、类型和位置分类。按缺陷来源可分为工艺缺陷和服役缺陷:工艺缺陷是指与各种制造工艺,如铸造、塑性加工、焊接、热处理和电镀等有关的缺陷;服役缺陷是指与各种服役条件有关的缺陷。金属材料的服役缺陷包括腐蚀、疲劳和磨损等。

缺陷按类型可分为体积型缺陷和平面型缺陷。体积型缺陷是指可以用三维尺寸或一个体积来描述的缺陷,主要的体积型缺陷包括:孔隙、夹杂、夹渣、夹钩、缩孔、缩松、气孔、腐蚀坑等。平面型缺陷是指一个方向很薄、另两个方向尺寸较大的缺陷,主要的平面型缺陷包括:分层、脱粘、折叠、冷隔、裂纹、未熔合、未焊透等。

缺陷根据在物体中的位置可分为表面缺陷和(不延伸至表面的)内部缺陷,缺陷分析包括缺陷特征分析和缺陷冶金分析。缺陷特征分析其内容包括起源和位置(表面、近表面或表面以下)、取向、形貌(平的、不规则形状的或螺旋状等)、性质等。

7.2　金属铸造工艺缺陷分析

铸造缺陷一直是困扰铸造企业的一大难题,铸造缺陷问题解决不好将影响铸件的质量。铸造企业在生产机床铸件过程中出现各种铸造缺陷问题,如磨损、划伤、砂眼、针孔、裂纹、缺损变形、硬度降低、损伤。市场上,采用焊补来进行缺陷修复,大体有以下几种:氩弧焊:精密铸件(合金钢,不锈钢精铸件),铝合金压铸件多采用氩弧焊机焊补;部分模具制造和修复厂家,也采用该焊机修复模具缺陷。

7.2.1　铸件缺陷分类

铸件缺陷种类繁多,形状各异。根据缺陷的形貌特征,国家标准 GB-T 5611-2017 铸造术语,将铸件缺陷分为八类,缺陷类型与缺陷名称见表 7-1。

表 7-1   铸件缺陷

序　号	缺陷类别	缺陷名称
1	多肉类缺陷	飞翅、毛刺、外渗物(外渗豆)、粘模多肉、冲砂、胀砂、掉砂、抬型(抬箱)
2	孔洞类缺陷	气孔、气缩孔、针孔、表面针孔、皮下气孔、呛火、收缩缺陷、缩孔、缩松、疏松渗漏
3	裂纹、冷隔类缺陷	冷裂、热裂、缩裂、热处理裂纹、网状裂纹(龟裂)、白点(发裂)、冷隔、浇注断流、重皮
4	表面缺陷	鼠尾、沟槽、夹砂结疤、粘砂、表面粗糙、皱皮、缩陷、桔皮面、斑点和印痕等浇不到(浇不足)、未浇满、跑火、型漏(漏箱)、损伤等
5	残缺类缺陷	浇不到(浇不足)、未浇满、跑火、型漏(漏箱)、损伤等
6	形状及重量差错类缺陷	尺寸和重量差错、变形、错型(错箱)、错芯、偏芯(漂芯)、春移等
7	夹杂类缺陷	金属夹杂物、冷豆、内渗物(内渗豆)、非金属夹杂物(包括夹渣和砂眼)等
8	成分、组织和性能不合格	物理、力学性能和化学成分不合格,石墨漂浮,石墨集结,组织粗大,偏析、硬点、白口、反白口,球化不良和球化衰退,亮皮、菜花头

7.2.2   常见的铸件缺陷(图 7-1)

铸件在生产加工过程中,不可避免地会产生一定的外观质量、内部性能、使用寿命等问题,从而影响铸铁件的整体质量和使用寿命,严重时可能造成铸铁件的报废。无损检测常见的铸件缺陷分类有孔洞类缺陷、裂纹类缺陷、夹杂类缺陷和成分类缺陷等,这些缺陷的形成

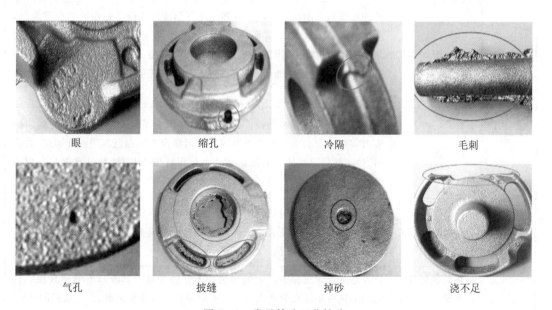

眼　　　　　　缩孔　　　　　　冷隔　　　　　　毛刺

气孔　　　　　　披缝　　　　　　掉砂　　　　　　浇不足

图 7-1   常见铸造工艺缺陷

特性见表 7-2。

表 7-2　无损检测常见的铸件缺陷

缺陷类别	缺陷名称	缺陷特征
孔洞类缺陷	气孔、针孔（图 7-2）	铸件内由气体形成的孔润类缺陷称为气孔。气孔表面一般比较光滑，主要呈梨形、圆形和椭圆形，一般不在铸件表面露出，大孔常孤立存在，小孔则成群出现。位于铸件表皮下的分散性气孔称为皮下气孔，为金属液与砂型之间发生化学反应产生的反应性气孔，形状有针状、蟒蚌状、梨状等，其大小不一、深度不等，通常在机械加工或热处理后才能发现，针孔一般为针头大小分布在铸件截面上的析出性气孔。铝合金铸件中常出现这类气孔，对铸件性能危害很大。成群分布在铸件表层的分散性气孔称为表面针孔，其特征和形成原因与皮下气孔相同，通常暴露在铸件表面，机械加工 1～2 mm 后即可去掉
	缩孔、缩松、疏松（显微缩松）（图 7-3）	金属在凝固过程中，由于补缩不良而产生的孔洞称为缩孔。缩孔形状极不规则，孔壁粗糙，并带有枝状晶，常出现在铸件最后凝固的部位。按分布特征，缩孔可分为集中缩孔和分散缩孔两类。缩松是细小的分散缩孔。缩松铸件密封性能差，易渗漏，断口呈海绵状；缩松严重的铸件在凝固冷却或热处理过程中容易产生裂纹，疏松是铸件凝固缓慢的区域因微观补缩信道堵塞而在枝晶间及枝晶的晶臂间形成的很细小的孔洞，易造成渗漏。疏松的宏观断口形貌与缩松相似。微观形貌表现为分布在晶界和晶臂间、伴有粗大树枝晶的显微孔穴
裂纹冷隔类缺陷	冷裂（图 7-4）	铸件凝固后冷却后在较低温度下形成的裂纹。是局部铸造应力大于合金极限强度而引起的开裂。冷裂往往穿品延伸到整个截面，呈宽度均匀的细长直线或折线状。断口有金属光泽或轻微氧化色泽
	热裂（图 7-5）	铸件在凝固末期或终凝后在较高温度下形成的裂纹。热裂断口严重氧化，无金属光泽，裂纹在晶界萌生并沿晶界扩展，呈粗细不均、曲折而不规则的曲线在实际生产中，出现了热裂纹的铸件，若凝固后仍处于较大的内应力下，裂纹还会继续扩展形成冷裂纹。这种既有热裂又有冷裂的裂纹称为综合裂纹
	白点（图 7-6）	淬透性高的某些合金钢铸件在快速冷却时，主要因氢的析出及产生的组织应力和热应力而引起的微细裂纹在纵向断面上呈白色圆斑或椭圆斑，故称白点；在横断面腐蚀后的低倍试片上呈发状微细裂纹，故又称发裂。白点的断裂方式呈沿晶断裂
	冷隔（图 7-7）	充填金属流股汇合时熔合不良所致的穿透或不穿透的、边缘呈圆角状的缝隙。多出现在远离浇道的铸件宽大上表面或薄壁处、金属流汇合处，以及芯撑、冷铁等激冷部位
	热处理裂纹（图 7-8）	铸件在热处理过程中产生的穿透或不穿透裂纹。其断口有氧化现象。热处理裂纹可出现在表面或内部。可沿晶扩展或穿晶扩展，呈线状或网状

（续表）

缺陷类别	缺陷名称	缺陷特征
夹杂类缺陷	金属夹杂物（图 7-9）	铸件内成分、结构、色泽、性能不同于基体金属,形状不规则、大小不等的金属或金属间化合物。通常由外来金属所引起
	冷豆（图 7-10）	通常位于铸件下表面或嵌入铸件表层、化学成分与铸件相同、未完全与铸件熔合的金属球。其表面有氧化现象,通常出现在内浇道下方或前方
	内渗物（图 7-11）	铸件孔洞缺陷内部带有光泽的豆粒状金属渗出物,其成分与铸件本体不一致,接近于共晶成分
	夹渣、渣气孔（图 7-12）	铸件表面或内部由熔渣引起的非金属夹杂物。由于其熔点和密度均比金属液低,通常位于铸件上表面,砂芯下面的铸件表面或铸件的死角处。铸件表面或内部伴有气孔的夹渣称为渣气孔,形式有夹渣内含气孔、气孔内含夹渣及夹渣外气孔成群分布三种,渣气孔的出现部位与夹渣相同。在断面上,夹渣和渣气孔均无金属光泽
	砂眼（图 7-13）	铸件内部或表面带有砂粒的孔洞
成分类缺陷	偏析	固态合金中化学成分(包括杂质元素)分布的不均匀性。偏析分为微观偏析,包括枝晶偏析(晶内偏析)和晶界偏析和宏观偏析(包括区域偏析和重力偏析)两类。偏析区常伴有非金属夹杂物、疏松、析出性气孔、反应性气孔和热裂等缺陷

注:热处理裂纹无疑是铸件中可能存在的缺陷,但显然不属于铸造工艺缺陷,不包括金属夹杂物缺陷。

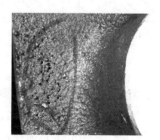

图 7-2　气孔、针孔示意图

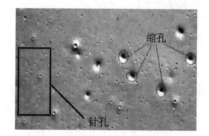

图 7-3　缩孔示意图

图 7-4　冷裂示意图

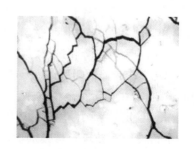

图 7-5　热裂示意图

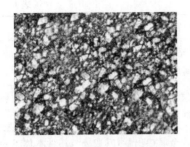
图 7-6　白点示意图

图 7-7　冷隔示意图

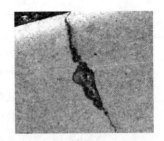
图 7-8　热处理裂纹示意图

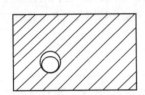
图 7-9　内渗物(内渗豆)示意图

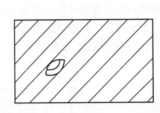
图 7-10　金属夹杂物示意图

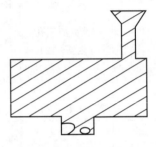
图 7-11　冷豆示意图

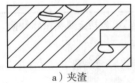
a)夹渣

b)渣气孔

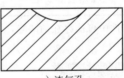
c)渣气孔

图 7-12　夹渣、渣气孔示意图

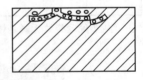
图 7-13　砂眼示意图

　　铝合金常见铸造工艺缺陷有疏松、气孔、夹杂、冷隔、裂纹、晶层分裂(铸锭纵向断口边缘呈层片状裂开)、羽毛状晶(铝合金铸锭中柱状晶的变种,形状类似羽毛的晶粒)、初晶(铝合金铸锭中先于固溶体结晶出来的金属间化合物)、光亮晶粒(色泽光亮对光线无选择性反射的粗大树枝状晶体)和白斑(低倍试片上呈形状不定、轮廓清晰的白色块状物,是混入的纯铝夹杂)等。

　　钛合金铸件的金属夹杂主要是未完全熔化的高熔点金属或固溶体,如钨、钼以及硬质合金刀头等碎块;非金属夹杂主要是氧化物或氮化物等不熔块。金属夹杂和非金属夹杂影响力学性能,在变形和使用过程中易引起裂纹。钛合金铸件偏析有两种类型:α相偏析和β相偏析。α相偏析一般为α相富集区,金相试样上为弱腐蚀区(亮条、亮斑),α相呈粗条、块状,可能是富α稳定元素铝的化学成分偏析(Ⅱ型偏析)或富氧、氮杂质的间隙型元素偏析(Ⅰ型偏析)。这些缺陷通常是硬而脆的。β型偏析在金相试样上为深腐蚀区(黑斑),黑斑内α相很少,甚至没有,一般称为β斑,是富β稳定元素区。偏析的产生与电极制备和熔炼工艺有关。

　　高温合金铸件的常见缺陷是夹杂物、疏松和偏析。夹杂物和疏松是断裂源,并促进裂纹扩展,导致疲劳和低温断裂抗力下降;偏析可削弱铸件的晶界,引起由冷却应力造成的热裂纹或低应变的提早断裂。

7.3　金属焊接工艺缺陷分析

金属焊接缺陷是焊接过程中或焊后，在接头中产生的不符合标准要求的缺欠，或者说焊接缺陷超出了焊接缺欠的规定限值，是不允许的。存在焊接缺陷的产品应被判废或进行返修，因为焊接缺陷的存在将直接影响焊接结构件的安全使用。

之所以要对金属焊接缺陷进行分析，一方面是为了找出缺陷产生的原因，进而在材料、工艺、结构、设备等方面采取有效措施，以防止缺陷产生；另一方面是为了在焊接结构（件）的制造或使用过程中，能够正确地选择焊接检测的技术手段，及时发现缺陷，从而定性或定量地评价焊接结构（件）的质量，使焊接检测达到预期的目的。本章节具体介绍了熔焊、压焊和钎焊三种焊接缺陷。

7.3.1　熔焊缺陷

所谓熔焊，是指焊接过程中，将焊接接头在高温等的作用下至熔化状态。由于被焊工件是紧密贴在一起的，在温度场、重力等的作用下，不加压力，两个工件熔化的融液会发生混合现象。待温度降低后，熔化部分凝结，两个工件就被牢固的焊在一起，完成焊接的方法。熔焊缺陷是熔焊过程中或焊后在焊缝或焊接热影响区中产生的缺陷。

1. 焊接裂纹

焊接裂纹是焊接件中最常见的一种严重缺陷。焊接过程中或焊后，在焊接应力及其他致脆因素共同作用下，焊接接头中局部地区的金属原子结合力遭到破坏而形成新界面所产生的缝隙。它具有尖锐的缺口和大的长宽比的特征，裂纹影响焊接件的安全使用，是一种非常危险的工艺缺陷。焊接裂纹不仅发生于焊接过程中，有的还有一定潜伏期，有的则产生于焊后的再次加热过程中，它具有尖锐的缺口和大的长宽比。焊接裂纹分为微观裂纹、纵向裂纹、横向裂纹、放射状裂纹、弧坑裂纹、间断裂纹群和枝状裂纹，它们均可存在于焊缝金属、热影响区和母材金属中。

按形成原因或性质，焊接裂纹又可分为热裂纹、冷裂纹和消除应力裂纹等。

（1）热裂纹

热裂纹是指在焊接过程中，焊缝和热影响区金属冷却到固相线附近的高温区产生的焊接裂纹。在焊缝收弧弧坑处产生的热裂纹称为弧坑裂纹，弧坑裂纹可能是纵向的、横向的或星形的。热裂纹都在高温下结晶时产生的，而且都是沿晶开裂，所以也称为结晶裂纹。这种裂纹可在显微镜下观察到，具有晶间破坏的特征，在裂纹的断面上多数具有氧化色。热裂纹主要出现在含杂质较多的焊缝中（特别是含硫、磷、碳较多的碳钢焊缝中）和单相奥氏体或某些铝合金焊缝中，有时也产生在热影响区中。

（2）冷裂纹

冷裂纹是指在焊接接头冷却到较低温度时（对于钢来说在 MS 温度，即奥氏体开始转变为马氏体的温度以下）所产生的焊接裂纹。最主要、最常见的冷裂纹为延迟裂纹，即在焊后延迟一段时间才发生的裂纹。因为氢是最活跃的诱发因素，而氢在金属中扩散、聚集和诱发裂纹需要一定的时间。冷裂纹的延迟时间不定，由几秒钟到几年不等。

（3）消除应力裂纹

消除应力裂纹是指焊件在一定温度范围再次加热时由于高温及残余应力的共同作用而产生的晶间裂纹，也叫做再热裂纹。

2. 气孔

气孔是指焊接时,熔池中的气泡在凝固时未能析出而残留下来所形成的空穴。气孔可分为球形气孔、均布气孔、局部密集气孔、链状气孔、条形气孔、虫形气孔和表面气孔(图 7-14g～图 7-14m)。

3. 缩孔

缩孔是指熔化金属在凝固过程中因收缩而产生的残留在熔核中的空穴。缩孔可分为结晶缩孔、微缩孔、枝晶间微缩孔、弧坑缩孔(图 7-14n～图 7-14o)。

4. 夹渣

夹渣是指焊后残留在焊缝中的焊渣。根据其形状,可分为线状的、孤立的和其他形式的(图 7-14p)。

5. 氧化物夹杂

氧化物夹杂是指凝固过程中在焊缝金属中残留的金属氧化物。

6. 皱褶

皱褶是指在某种情况下,特别是铝合金焊接时,由于对焊接熔池保护不好和熔池中紊流而产生的大量氧化膜。

7. 金属夹杂

金属夹杂是指残留在焊缝金属中的来自外部的金属颗粒,可能是钙、铜或其他元素。

8. 未熔合

未熔合是指焊缝金属与母材之间或焊道金属与焊道金属之间未完全溶化结合的部分,它可以分为侧壁未熔合、层间未熔合和焊缝根部未熔合(图 7-14q)。

9. 未焊透

未焊透是指焊接时接头根部未完全熔透的现象(图 7-14r)。

10. 咬边

咬边是指因焊接造成的沿焊趾(或焊根)母材部位的沟槽或凹陷(图 7-14s)。

11. 焊瘤

焊接过程中熔化金属流淌到焊缝之外未熔化的母材表面所形成的金属瘤(图 7-14t)。

12. 烧穿

熔化金属自焊缝坡口背面流出,形成的穿孔缺陷(图 7-14u)。

13. 未焊满

由于填充金属不足,在焊缝表面形成的连续或断续的沟槽(图 7-14v)。

(图 7-14a～图 7-14f)。

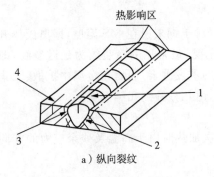

a) 纵向裂纹

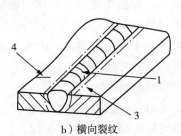

b) 横向裂纹

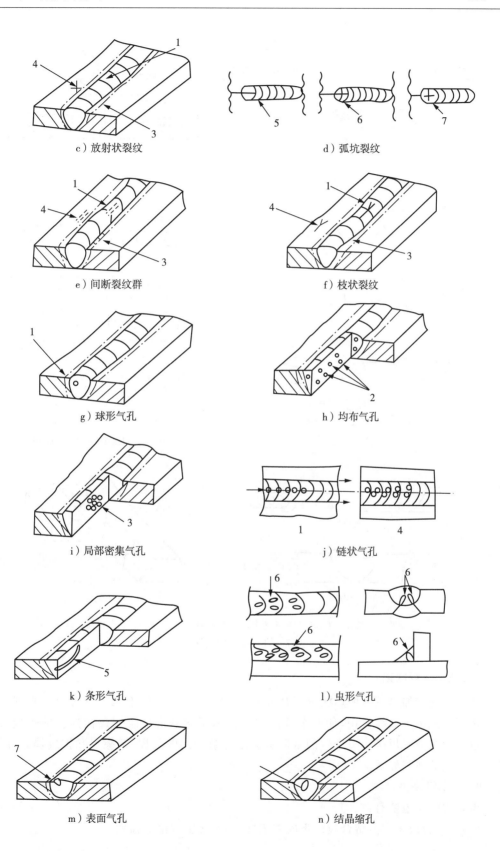

c）放射状裂纹　　　　　　　　　　　　d）弧坑裂纹

e）间断裂纹群　　　　　　　　　　　　f）枝状裂纹

g）球形气孔　　　　　　　　　　　　　h）均布气孔

i）局部密集气孔　　　　　　　　　　　j）链状气孔

k）条形气孔　　　　　　　　　　　　　l）虫形气孔

m）表面气孔　　　　　　　　　　　　　n）结晶缩孔

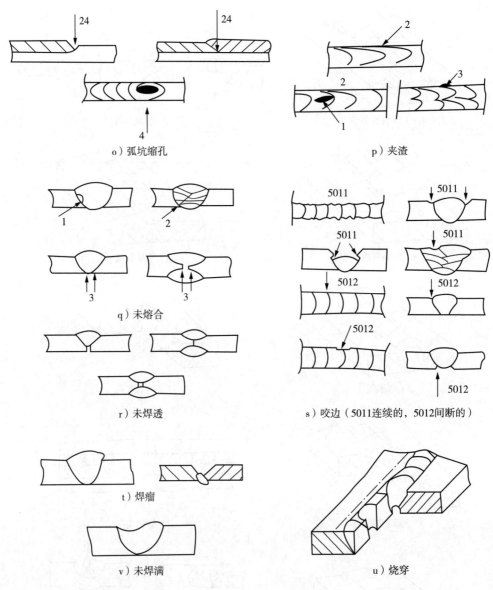

o）弧坑缩孔　　　　　　　　　　　　　p）夹渣

q）未熔合　　　　　　　　s）咬边（5011连续的，5012间断的）

r）未焊透

t）焊瘤

v）未焊满　　　　　　　　　　　　u）烧穿

1—焊缝金属中；2—熔合线上；3—热影响区中；4—母材金属中；5—纵向的；6—槽向的；7—星形

图 7 - 14　熔焊常见缺陷

7.3.2　压焊缺陷

　　压焊是指在加热或不加热状态下对组合焊件施加一定压力，使其产生塑性变形或融化，并通过再结晶和扩散等作用，使两个分离表面的原子达到形成金属键而连接的焊接方法。压焊过程中在金属焊接接头产生的缺陷称为压焊缺陷。电阻焊、摩擦焊和扩散焊三种压焊方法所产生的缺陷如下。

　　1. 电阻焊缺陷

　　电阻焊缺陷主要有：

　　（1）未熔合或未完全熔合较严重的缺陷之一，直接影响接头强度。

（2）裂纹分为外部裂纹和内部裂纹两种，是危险性很大的一种缺陷。裂纹对动载疲劳强度有明显影响，尤其是外部裂纹。

（3）气孔和缩孔是常见缺陷，在高温合金点焊和缝焊时更为明显。

（4）过深压痕点焊和缝焊的压痕深度一般规定应小于板材厚度的 15%，最大不超过 20%～30%。超过此规定，则作为缺陷处理。

（5）表面烧伤和表面发黑缺陷不影响接头强度，但影响接头的表面质量和耐腐蚀性能。

（6）喷溅是最常见的一种缺陷。大的喷溅会破坏焊点四周的塑性环，降低接头的强度和塑性，应尽量避免。

（7）接合线深入某些高温合金和铝合金点焊和缝焊时特有的缺陷，指两板接合面深入到熔核中的部分。一般深入量应控制在 0.1～0.2 mm。

（8）过烧组织和过热组织常出现在接头的热影响区中。

2. 摩擦焊缺陷

摩擦焊缺陷主要有：接头偏心、飞边不封闭、未焊透、接头组织扭曲、接头过热、接头淬硬、焊接裂纹、氧化灰斑、脆性合金层等。

3. 扩散焊缺陷

扩散焊缺陷主要有：未焊合或孔洞（界面孔洞和扩散孔洞）。

7.3.3　钎焊缺陷

钎焊是指低于焊件熔点的钎料和焊件同时加热到钎料熔化温度后，利用液态钎料填充固态工件的缝隙使金属连接的焊接方法。钎焊时，首先要去除母材接触面上的氧化膜和油污，以利于毛细管在钎料熔化后发挥作用，增加钎料的润湿性和毛细流动性。钎焊过程中在金属焊接接头中产生的缺陷称为钎焊缺陷。主要包括：填隙不良、钎焊气孔、钎缝夹渣、钎缝开裂、母材开裂、母材被熔蚀、钎料流失等，以下是几种典型的钎焊缺陷：

（1）钎焊未填满：接头间隙部分未填满。

（2）钎缝成形不良：钎料只在一面填缝，未完成圆角，钎缝表面粗糙。

（3）气孔：钎缝表面或内部有气孔。

（4）夹渣：钎缝中有杂质。

（5）表面侵蚀：钎缝表面有凹坑或烧缺。

（6）焊堵：铜管或毛细管全部或部分堵塞。

（7）氧化：焊件表面或内部被氧化成黑色。

（8）钎料：钎料流到不需钎料的焊件表面或滴落。

（9）泄漏：工件中出现泄漏现象。

（10）过烧：内、外表面氧化皮过多，并有脱落现象（不靠外力，自然脱落）所焊接头形状粗糙，不光滑发黑，严重的外套管有裂管现象。

7.4　金属塑性加工工艺缺陷分析

金属塑性加工是指通过使固体金属产生塑性变形而获得所需形状和尺寸的工艺方法，本节主要介绍锻造、轧制、挤压与拉拔加工常见的工艺缺陷。

7.4.1　锻件缺陷

许多大型的开模锻件都是由铸锭直接锻造的。大多数的闭模锻件和顶锻件则是用坯料、轧制的棒料或预制坯生产的。锻件中的常见缺陷可能是由铸锭的原始状态、铸锭及钢坯的随后热加工以及锻造时的冷、热加工引起的。

无损检测常见的主要缺陷有 8 种：缩孔、非金属夹杂、偏析、氢脆、过烧、过热、折叠和裂纹。前 4 种缺陷源自铸锭原有的缺陷，后 4 种缺陷源自铸锭或坯料加工，或者是锻造工序引起的。在许多情况下，锻造工序引起的缺陷与铸锭或坯料在终锻前的初压延过程中所产生的缺陷相同或类似。在工程实际中，不仅有非金属夹杂，还有金属夹杂，可统称夹杂物；氢致裂纹称为白点；铸锭可能存在未熔化的电极；锻造可能产生流纹不顺、涡流和穿流等。

(1)缩孔

在金属冷凝过程中由于液体金属补给不足所形成的孔穴。缩孔大体上呈圆柱形或锥形，是铸锭的常见缺陷之一，经常出现在铸锭的顶端部分。缩孔严重地破坏材料的连续性，在锻造时必然产生裂纹，是不允许存在的缺陷，如图 7 - 15 所示。

(2)夹杂物

包括金属夹杂物和非金属夹杂物。夹杂物的存在，会降低金属承受高的静载荷、冲击力、循环或疲劳载荷的能力，有时还会降低耐腐蚀和耐应力腐蚀的能力。夹杂物因其具有不连续性的特征并与周围的成分不同，容易成为应力集中源，如图 7 - 16 所示。

(3)偏析

铸锭中某一特定位置上的成分与平均成分的偏差称为偏析，如图 7 - 17 所示。锻件可以通过再结晶或将粒状组织打碎以获得较均匀的亚结构，使偏析得到部分排除。但是，对于偏析严重的铸锭，其影响不可能完全消除。偏析能影响耐蚀力、锻造和连接(焊接)特性、力学性能、断裂韧性和疲劳抗力。在可热处理合金中，成分的变化能对热处理产生意想不到的影响，出现硬点和软点、淬火裂纹或其他缺陷。恶化的程度既取决于合金，也取决于工艺参数。大多数冶金工艺都是以假定被加工的金属有标称的成分且相当均匀为前提的。

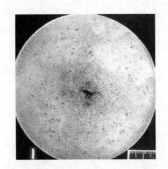
图 7 - 15　缩　孔

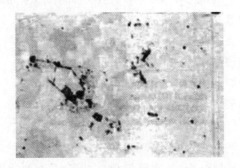
图 7 - 16　夹　杂

(4)白点

钢锻件中由于氢的存在所产生的小裂纹称为白点(氢白点)。白点是在氢和相变时的组织应力以及热应力的共同作用下产生的，当钢中含氢量较多和热压力加工后冷却(或锻后热处理)太快时较易产生。用带有白点的钢锻造出来的锻件，在热处理时(淬火)易发生龟裂，有时甚至成块掉下。白点降低钢的塑性和零件的强度，是应力集中点，它像尖锐的切刀一样,在交变载荷的作用下,很容易变成疲劳裂纹而导致疲劳破坏。所以锻造原材料中绝对不允许有白点,如图 7 - 18 所示。

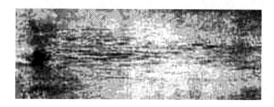　　　　　　　　　　　　　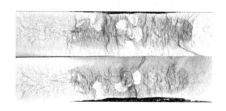

图 7 - 17　偏　析　　　　　　　　　　　　　　　图 7 - 18　白　点

（5）未熔化的电极

指自耗熔炼过程中脱落到熔融材料中的大块电极。

（6）过烧

加热温度超过始锻温度过多,使晶粒边界出现氧化及熔化的现象。过烧对锻件静拉伸性能的影响不明显,对疲劳性能影响明显。

（7）过热

金属由于温度过高或高温下保持时间过长引起晶粒粗大的现象。

（8）折叠

锻造时将坯料已氧化的表层金属汇流贴合在一起压入工件而造成的缺陷,折叠内表面上的氧化层能使该裂隙内的金属焊合不起来。折叠具有尖锐的根部,会造成应力集中。折叠表面形状与裂纹相似,多发生在锻件内圆角和尖角处。在横截面上高倍观察,折叠处两面有氧化、脱碳等特征;低倍组织上看出围绕折叠处纤维有一定的歪扭。锻件上出现折叠的原因与工艺参数、模具（模锻时）等有关。

（9）裂纹

裂纹通常是锻造时存在较大的拉应力、切应力或附加拉应力引起的,裂纹发生的部位通常是在坯料应力最大、厚度最薄的部位。如果坯料表面和内部有微裂纹或坯料内存在组织缺陷,或热加工温度不当使材料塑性降低,或变形速度过快、变形程度过大,超过材料允许的塑性指针等,则在撤粗、拔长、冲孔、扩孔、弯曲和挤压等工序中都可能产生裂纹,如图 7 - 19 所示。

（10）流纹不顺、涡流、穿流

指模锻件某个区域的金属流纹不按制件外廓形状分布形成的锻件缺陷。其中流纹呈年轮状或漩涡状称涡流,切断正常金属流线贯穿制件截面的流纹称为穿流。产生流纹不顺的原因是模具设计不合理和模锻工艺不当,如图 7 - 20 所示。

　　　　　　　　　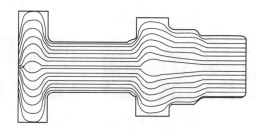

图 7 - 19　裂　纹　　　　　　　　　图 7 - 20　锻件流纹不顺断面图

钛合金锻件有自身的特点,其主要缺陷是:与铸造工艺有关的难熔金属夹杂(图 7 - 16)、α 稳定的孔洞(由氧稳定的 α 晶粒所环绕)(图 7 - 17)、偏析(α 偏析和 β 斑)(图 7 - 18),与锻造工艺有关的组织不均匀(图 7 - 19)、组织粗大(表现为粗大晶粒、过热组织、残留原始 β 晶界,如图 7 - 20)、折叠和裂纹。

7.4.2　轧制产品缺陷

轧制是指将金属坯料通过一对旋转轧辊的间隙(各种形状),因受轧辊的压缩使材料截面减小,长度增加的压力加工方法,这是生产钢材最常用的生产方式,主要用来生产型材、板材、管材等。

轧材常见缺陷包括:结疤、裂纹、缩孔残余、分层、白点、偏析、非金属夹杂、疏松、带状组织、折叠、过烧组织、晶粒粗大、混晶、过热、网状组织等。

(1)结疤

轧材表面未与基体焊合的金属或非金属疤块(图 7 - 21)。有的部分与基体相连,呈舌状;有的与基体不连接,呈鳞片状。后者有时在加工时脱落,形成凹坑。结疤直接影响轧材外观质量和力学性能,产品钢材上不允许结疤存在。

(2)裂纹

由于各种应力而造成的局部金属连续性的破坏,而形成的各种形状的金属开裂称为裂纹。按裂纹形状和形成原因有多种名称,如拉裂、横裂、裂缝、裂纹、发纹、炸裂(响裂)、脆裂(矫裂)、轧裂和剪裂等。冶炼、轧制(锻造)、矫直、热处理、酸洗、焊接等工艺过程不当都可能造成裂纹,裂纹实例如图 7 - 22 所示。裂纹直接影响钢材的力学性能和耐腐蚀性能,钢材中不允许裂纹存在。

(3)缩孔残余

钢液凝固过程中,由于体积收缩,在钢锭或连铸坯心部未能得到充分填充而形成的管状或分散孔洞,在热加工前,因为切头量过小或缩孔过深,造成切除不尽,其残留部分称为缩孔残余(图 7 - 23)。缩孔残余分布在钢锭上部中心处,并与钢锭顶部贯通的叫一次缩孔。由于设计的钢锭模细长或上小下大,在浇铸凝固过程中,钢锭截口以下锭中心仍有未凝固的钢液,凝固后期不能充分填充而形成的孔洞叫二次缩孔。一次缩孔残余和与空气贯通的二次缩孔在轧制(锻造)过程中不能焊合,与空气隔绝的二次缩孔和连轧坯缩孔在轧制时一般能够焊合,不影响钢材使用性能。缩孔残余严重地破坏钢材的连续性,在轧制(锻造)时必然产生裂纹,是钢材不允许存在的缺陷。

  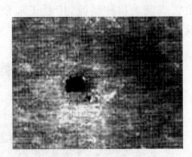

图 7 - 21　无缝钢管外表面结疤　　图 7 - 22　钢轨轨底裂纹　　　图 7 - 23　缩　孔

（4）分层

分层是指轧材基体上出现的互不结合的层状结构。是由于缩孔、内裂、气泡等缺陷经塑性加工而延伸、拉长，又未能焊合而成形的。分层一般都平行于压力加工表面，在纵向、横向断面低倍试片上均有黑线（图 7-24），分层严重时有裂缝产生，在裂缝中往往有氧化铁、非金属夹杂和严重的偏析物质。镇静钢钢锭的缩孔和沸腾钢钢锭的气囊及尾孔经轧制（锻造）不能焊合产生分层，钢中大型夹杂和严重成分偏析也能产生分层。分层严重影响使用，是钢材中不允许存在的缺陷。

（5）白点

轧材纵、横断面酸浸试片上出现的不同长度无规则的发裂。它在横向低倍试片上呈放射状、同心圆或不规则分布，多距钢件中心或与表面有一定距离。型钢在横向或纵向断口上，呈圆形或椭圆形白亮点（图 7-25），直径一般为 3～10 mm。钢板在纵向、横向断口上白点特征不明显，而在 Z 向断口上呈现长条状或椭圆状白色斑点。钢坯上出现白点，经压力加工后可变形或延伸，压下率较大时也能焊合。白点对钢材力学性能（韧性和塑性）影响很大，当白点平面垂直方向受应力作用时，会导致钢件突然断裂。因此，钢材不允许白点存在。白点产生的原因一般认为是钢中氢含量偏高和组织应力共同作用的结果。白点多在高碳钢、马氏体钢和贝氏体钢中出现，奥氏体钢和低碳铁素体钢一般不出现白点。

图 7-24　钢板分层　　　　　　　　　　图 7-25　板坯白点断口实物

（6）偏析

偏析是指材料成分的严重不均匀现象（图 7-26）。这种现象不仅包括常见元素（碳、锰、硅、硫、磷）分布的不均匀，还包括气体和非金属夹杂分布的不均匀性。偏析产生的原因是钢液在凝固过程中，由于选分结晶造成的。首先结晶出来的晶核纯度较高，杂质遗留在后结晶的钢液中，因此结晶前沿的钢液为碳、硫、磷等杂质富集。随着温度降低，组织凝固在树枝晶间，或形成不同程度的偏析带。此外，随着温度降低，气体在钢液中溶解度下降，在结晶前沿析出并形成气泡上浮，富集杂质的钢液会形成条状偏析带。由于偏析在钢锭上出现部位不同和在低倍试片上表现出形式各异，偏析可分为方形偏析、"口"型偏析、点状偏析、中心偏析和晶间偏析等。另外，脱氧合金化工艺操作不当，可以造成严重的成分不均。偏析影响钢材的力学性能和耐蚀性能。严重偏析可能造成钢材脆断，冷加工时还会损坏机械，故超过允许级别的偏析是不允许存在的。

（7）非金属夹杂

非金属夹杂是指钢中含有的与基体金属成分不同的非金属物质（图 7-27）。它破坏了金属基体的连续性和各向同性性能。非金属夹杂按来源可宏为内生夹杂、外来夹杂及两者混合物；按颗粒大小可分为亚显微、显微和大颗粒夹杂三种，其颗粒尺寸依次为＜1 μm、1～100 μm 和＞100 μm；按本身性质可分为塑性夹杂和脆性夹杂两种。非金属夹杂对钢材的强度、伸长率、韧性和疲劳强度有不同程度的影响。按使用要求，根据国家非金属夹杂标准评定钢材夹杂级别。钢材中不允许存在严重危害钢材性能的大颗粒夹杂。

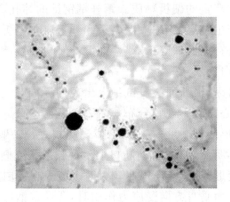

图 7-26　圆碳钢中心偏析　　　图 7-27　钢管中氧化物夹杂金相照片

（8）疏松

疏松指材料截面热酸蚀试片上组织不致密的现象（图 7-28）。在钢材横断面热酸蚀试片上，存在许多孔隙和小黑点，呈现组织不致密现象。当这些孔隙和小黑点分布在整个试片上时叫一般疏松，集中分布在中心的叫中心疏松。在纵向热酸蚀试片上，疏松表现为不同长度的条纹，但仔细观察或用 8～10 倍放大镜观察，条纹没有深度。用扫描电镜观察孔隙或条纹，可以发现树枝晶末梢有金属结晶的自由表面特征，枝晶的成因与钢水冷凝收缩和选分结晶有关。钢液在结晶时，先结晶的树枝晶晶轴比较纯净，而枝晶间富集偏析元素、气体、非金属夹杂和少量未凝固的钢液，最后凝固时，不能全部充满枝晶间，因而形成一些细小微孔。钢材在热加工过程中，疏松可大大改善。当钢锭疏松严重时，压缩比不足或孔型设计不当时，热加工后疏松还会存在。严重的疏松视为钢材缺陷，当疏松严重时，钢材的力学性能会受到一定影响。根据钢材使用要求，可以按标准图片评定钢材疏松级别。

（9）带状组织

热加工后的低碳结构钢，其显微组织铁素体和珠光体沿轧向平行排列，呈带状分布，形成钢材带状组织（图 7-29）。带状组织的形成与钢中夹杂和树枝晶成分偏析有关。带状组织导致各向异性，降低钢材塑性和冲击韧性，特别是对横向力学性能影响较大。根据钢材的使用要求，可按国家带状组织评级标准评定钢材带状组织的级别。

（10）折叠

折叠表现为产品表面层金属的折合分层。外形与裂纹相似，其缝隙与表面倾斜一定角度，常呈直线形（图 7-30），也有的呈曲线形或锯齿形。折叠的分布有明显的规律性，一般是通长的，也有的是局部或断续地分布在产品表面上，折叠内有较多的氧化皮。双层金属折合面有脱碳层，在与金属本体相接触一侧的折合缝壁上，尤为严重。钢管内表面和外表面产生的折叠分别称内折叠和外折叠。产品表面上一般不允许有折叠。折叠的产生与轧制工艺有关。

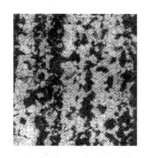

图 7 - 29　钢板带状组织金相照片×300　　　　　　　　　　　图 7 - 30　折　叠

(11)过烧组织

锭坯加热不当造成的钢材内部缺陷之一。因加热温度过高、时间过长,锭坯内部发生晶界氧化并在晶界上出现网状分布的氧化物,使晶间结合力大为降低或完全消失。金属过烧后,塑性加工时会沿晶界氧化物开裂,甚至破碎,金属的断口无金属光泽,使材料完全报废。

(12)晶粒粗大

晶粒粗大表现为金属晶粒比正常生产条件下获得的标准规定的晶粒尺寸粗大。钢材由于生产不当,奥氏体或室温组织均能出现粗大晶粒,这种组织使强度、塑性和韧性降低。粗大的晶粒可以通过热处理细化。钢的标准晶粒级别由大到小划分为－3 级到＋12 级 16 个级别,晶粒平均直径由－3 级的 1.000 mm 到 12 级的 0.0055 mm。1～4 级为粗晶粒,5～8级为细晶粒,粗于 1 级的为晶粒粗大,细于 8 级的为超细晶粒。

(13)混晶

混晶表现为金属基体内晶粒大小混杂,粗晶细晶混杂,细晶粒夹在粗晶粒之间,或表面为粗晶,中间为细晶,也可能相反。

(14)过热

过热是指以晶粒粗化为特征的锭坯加热缺陷。晶粒过分长大,晶粒间的结合力下降,钢的力学性能下降,塑性加工时容易产生裂纹。如果过热不很严重,可以通过退火的办法,使钢的组织发生再结晶,使晶粒细化。如果过热严重,晶粒过分长大而形成过热组织,就难以通过再结晶处理使晶粒细化,这样的钢只能报废。

(15)网状组织

网状组织表现为热加工的钢材冷却后沿奥氏体晶界析出的过剩碳化物(指过共析钢等)或铁素体(指亚共析钢)形成的网状结构。碳素工具钢、合金工具钢、铬轴承钢等过共析钢沿晶界析出过剩碳化物称作网状碳化物,亚共析钢沿晶界析出的是呈网络状分布的网状铁素体。

铝合金板材常见缺陷主要有:分层、粗大晶粒、气泡和氧化膜。

(1)分层

分层缺陷有两种类型。

① 张开型分层,亦称为"张嘴",是在热轧过程中内外层金属流动不均匀,在端部形成的开裂。

② 夹杂型分层,来源于铸锭中的非金属夹杂物、疏松和气孔,形成无规律分布、不连续、

沿轧制方向拉长的分层缺陷。

（2）粗大晶粒

轧制的铝加工制品，特别是冷轧板材，在固溶处理或退火时发生再结晶后晶粒长大，形成局部或均匀的粗大晶粒。粗大晶粒降低板材的抗拉强度和屈服强度，使制品表面产生粗糙和呈现"橘皮状"，严重时可形成裂纹。在焊接时粗大晶粒易引起裂纹。形成粗大晶粒的原因与合金的化学成分、组织结构、变形程度和热处理条件有密切关系。图 7-31 为粗大晶粒图示。

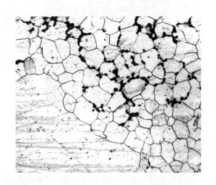

图 7-31　粗大晶粒

（3）气泡

气泡在形态上通常有三种。细小圆形气泡，在板面上无秩序分布；沿表面轧制条痕拉长或成行分布的气泡；粗大圆形气泡，在板面上无序或成群分布。在板材显微组织中，气泡多数分布在晶界上，少数分布在晶粒内。产生气泡的内在因素是铸锭中的过饱和氢和疏松；外部因素是板材表面附有水分、加热炉内湿度过大和加热温度过高。气泡对板材的力学性能无明显影响，但影响着色和美观。

（4）氧化膜

实质是氧化了的疏松和气孔在板材内形成的分层。

7.4.3　挤压制品缺陷

挤压是指用冲头或凸模对放置在凹模中的坯料加压，使之产生塑性流动，从而获得相应于模具的型孔或凹凸模形状的制件的一种压力加工方法。特别是冷挤压，材料利用率高，材料的组织和机械性能得到改善，操作简单，生产率高，可制作长杆、深孔、薄壁、异型断面零件，是重要的少无切削加工工艺。挤压主要用于金属的成形，也可用于塑料、橡胶、石墨和黏土坯料等非金属的成形。

挤压制品缺陷的种类及其产生原因见表 7-3 所列。

表 7-3　挤压制品缺陷及其产生原因

缺陷种类	产生原因
挤压缩尾	见正文 1. 挤压缩尾
层状组织	见正文 2. 层状组织
挤压裂纹	见正文 3. 挤压裂纹
粗晶环	见正文 4. 粗晶环
壁厚不均	见正文 5. 壁厚不均
气泡、起皮	挤压筒或挤压垫片磨损过大；挤压筒不清洁，有油污、水分；锭坯有砂眼、气孔缺陷；填充过快，排气不好
成层	模孔排列不合理，距挤压筒内壁太近；挤压筒、挤压垫磨损过大；锭坯表面不洁，或有气孔和砂眼

（续表）

缺陷种类	产生原因
麻点、麻面	工具硬度不够；挤压筒及锭坯温度过高或挤压速度过快；模子工作带不光洁
划伤	挤压工具（挤压模、穿孔针）变形或有裂纹，工具润滑不好；金属粘结工具；道路内壁不光滑
扭拧、弯曲、波浪形状	模孔设计排列不当或工作带长度分配不当；未安装必要的道路装置
尺寸和公差不合格	工具选用或装配不当；温度和速度控制不当，如挤压复杂断面型材的各段挤压速度相差太大

1. 挤压缩尾

挤压制品尾部出现的一种特有的漏斗形缺陷。它破坏了金属的致密性和连续性，严重地影响材料的性能。根据形成的原因和条件，可以将缩尾分成三类：皮下缩尾、中心缩尾和环形缩尾（图 7 - 32）。

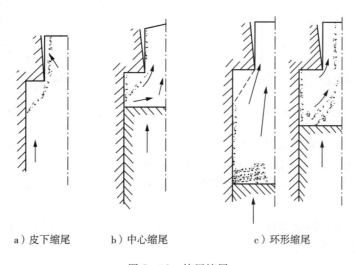

a）皮下缩尾　　　b）中心缩尾　　　c）环形缩尾

图 7 - 32　挤压缩尾

2. 挤压层状组织

挤压制品折断后断口呈现的类似分层组织的缺陷。层状组织表现为表面凹凸不平并带有裂纹，分层的方向与挤压制品的轴线平行，其断口如图 7 - 33 所示。

（1）层状组织影响横向力学性能，特别是伸长率和冲击韧度显著降低。热处理和其他金属塑性加工都不能消除这种组织。

（2）在铝、铜及镁合金制品中都可观察到层状组织。层状组织产生的原因一般来说是铸锭

图 7 - 33　挤压制品层状组织断口

组织不均匀。

3. 挤压裂纹

某些合金挤压制品的缺陷。挤压裂纹主要是表面裂纹,特点是距离相等,呈周期性分布,故又称周期性裂纹(图 7-34)。容易出现挤压裂纹的合金有硬铝、超硬铝、锡林青铜、铍青铜和锌黄铜,产生挤压裂纹的原因尚无定论。

4. 粗晶环

粗晶环是指挤压制品周边上形成的环状粗大晶粒区域(图 7-35),是挤压制品的一种组织缺陷。粗晶环状的晶粒尺寸可超过原始晶粒尺寸的 10～100 倍,达到 800～1500 μm。它引起制品力学性能降低,淬火后及用带有这种缺陷的坯料锻造时,常在粗晶区产生裂纹。

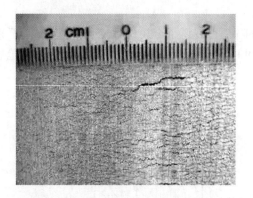 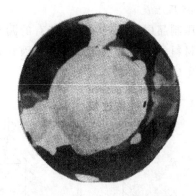

图 7-34 挤压制品挤压裂纹实物图   图 7-35 高强度铝合金 LY12 挤压棒材的粗晶环

粗晶环按形成过程可分为两类:一类是挤压时在制品外层出现深度不同的粗晶环,主要为工业纯铝、软铝合金以及镁合金;另一类是在不润滑正向挤压的制品在淬火加热时才出现的粗晶环,主要为锻铝、硬铝和超硬铝等合金。产生粗晶环的根本原因是再结晶。

5. 挤压制品壁厚不均

供冷轧和冷拔用的挤压管料的壁厚超出允许偏差的一种挤压制品缺陷,产生原因与挤压设备质量及锭坯壁厚不均有关。

7.4.4 拉拔钢丝缺陷

钢丝拉拔是指在拉拔力的作用下将盘条或线坯从拉丝模的模孔拉出,以生产小断面的钢丝或有色金属线的金属塑性加工过程。常见的钢丝拉拔缺陷有:

1. 裂缝(裂纹)

钢丝表面出现的纵向开裂现象,根据开裂程度不同,分别称为裂缝、裂纹等。产生原因大多为原料残存有裂缝、裂纹及夹杂物等。拉拔时由于压缩率过大或变形不均也可能产生应力裂纹。

2. 发纹

钢丝表面或内部存在的极细的发状裂纹,产生原因是原料带有发纹或皮下气泡、细小夹杂物等。

3. 拉裂

拉裂钢丝表面出现横向开裂现象,产生原因是压缩率过大或拉拔速度过高,涂层或润滑条件不良,热处理制度不合理,原料化学成分局部不均,拉丝模入口锥角度太大,变形区太短等。

4. 竹节

钢丝沿纵向呈周期性的粗细不均现象,形状类似竹节,产生原因是钢丝在卷筒上积线量过多、卷筒摇摆、涂层不均、润滑不良等。

5. 拉痕

拉痕钢丝表面出现的肉眼可见的纵向小沟,通常是愚条连续。轻微拉痕仅使钢丝表面发亮发白,产生原因是拉丝模破裂或加工不良光洁度差、润滑不良等。

6. 划伤

钢丝沿拉拔方向产生的表面纵向伤痕,随伤痕程度的不同,分别叫做刮伤、刮痕、擦伤等。产生原因是模孔中带进金属碎屑、润滑剂不洁净、含有氧化铁皮或砂等以及拉拔过程中钢丝受到模盒、拉丝机突出部分的机械损伤。

7. 飞翅

飞翅指与钢丝表面大致成垂直尖锐金属薄片,一般沿拉拔方向分布,有时也称为飞刺。产生原因是拉丝模严重破裂。

8. 折叠

折叠指钢丝表面沿纵向出现的金属重叠现象,通常是直线形或锯齿形,连续或断续出现在钢丝的局部或全长,内有氧化铁皮。产生原因是原料存在折叠和半成品钢丝起棱。

9. 凹面

凹面指钢丝表面上的局部凹陷,由于产生原因不同,有时也叫做凹坑、凹陷、压痕等。产生原因为原料带有凹坑,拉拔前钢丝表面未洗净残留有块状氧化铁皮,石灰涂层太厚或钢丝表面粘附有脏物等,拉拔时氧化铁皮或石灰被压入钢丝表面脱落后形成。

10. 麻点

钢丝表面成点状或片状分布的或密或疏的微细凹坑,较密集的针状凹点称为麻点,密集且连续分布叫麻面。产生原因为原料表面粗糙,压缩率小不能消除;原料或半成品严重锈蚀;原料或半成品过酸洗形成酸蚀麻点;钢丝拉拔前未洗净,残留有点状氧化铁皮,拉拔后压入钢丝表面后脱落。

11. 结疤

结疤指钢丝表面出现氧化疤、石灰疤及呈舌头形或指甲形的金属疤的通称。产生原因是钢丝表面残留有氧化铁皮或石灰颗粒,或原料表面带有结疤,拉拔时被嵌于钢丝表面。结疤一般一端翘起,通常又称翘皮。

12. 分层

分层指钢丝通条或局部沿纵向分裂成两层或多层的现象,也称劈裂。产生原因是残留缩孔及非金属夹杂物严重经拉拔后形成分层;盘条用钢锭中气泡严重,拉拔后形成分层;拉拔时压缩率过大及变形不均等。

13. 缩径

缩径指拉拔时发生钢丝直径小于拉丝模孔定径带尺寸的现象。产生原因是部分压缩率过大、润滑不良、拉拔速度过高、模孔堵塞、热处理组织不均等。

7.5 粉末冶金工艺缺陷分析

粉末冶金机械零件是指用粉末冶金方法制造的机械零件,又称烧结机械零件。20世纪到70年代,烧结机械零件在生产上已颇具规模,在农业机械、汽车、机床、仪表、纺织、轻工等工业部门得到较广泛的应用。粉末冶金零件可能产生的主要缺陷有:

1. 夹杂物

采用水雾化或气雾化制粉法时,由于合金液与渣体和耐火材料坩埚接触,在制得的粉末中难免带入非金属夹杂物。采用旋转电极制粉法时,可出现自耗电极自身混入的陶瓷和异金属夹杂。

2. 密度不均匀

粉末压制成形过程中,颗粒间以及颗粒与模壁间存在的内、外摩擦引起压力损失使压坯各部位受力不均,因此压坯密度不均匀,导致产品密度不均匀。

3. 孔隙

粉末烧结时,吸附在粉末表面、粉末间空隙和包套内的气体抽取不净所致。金属粉末的包套在粉末烧结过程中的任何微小渗漏又会引起产品中的热诱导孔隙。

4. 裂纹烧结

工艺不合理或执行不当所致。

5. 欠烧

烧结工艺不合理或执行不当所致。

7.6 金属热处理工艺缺陷分析

热处理的目的是通过加热和冷却使金属和合金获得期望的微观组织,以便改变材料的加工工艺性能或提高工件的使用性能,从而延长其使用寿命。热处理工件的力学性能未能达到设计技术要求,是一种常见的热处理质量缺陷。其原因有材料选择不当、材料有固有缺陷、热处理工艺不当、加热或冷却方式不当、热处理工艺执行不严等因素造成。本节主要介绍了钢、高温合金以及轻合金的常见热处理缺陷。

1. 钢的热处理常见缺陷

金属热处理过程中可能产生的主要缺陷有:

(1)淬火变形和裂纹:是淬火时内应力所引起的。

(2)软点:是原材料缺陷、加热后冷却不均匀、零件表面有污染物所引起的。

(3)氧化脱碳:使零件表面硬度不足,性能降低。

(4)过热:是加热温度过高或保温时间过长,使金属或合金晶粒显著粗化的现象。过热使制件力学性能下降,淬火容易变形和开裂,使用时易产生脆性断裂。

(5)过烧:是加热温度过高,使金属中晶界上的低熔点组成物开始熔化或布满氧化物的永久损伤。过烧使制件硬度低、脆性大,无法补救,只能报废。

2. 高温合金热处理常见缺陷

高温合金热处理常见缺陷有表面污染、变形、开裂、显微组织缺陷和硬度不合格等。包括:晶间氧化(晶间腐蚀)、表面成分变化(增碳、增氮、脱碳、脱硼等)、腐蚀点和腐蚀坑、氧化剥落、翘曲变形、裂纹、粗晶或混合晶粒、过热和过烧、硬度不合格。

　　高温合金导热性差,膨胀系数大,因此加热冷却产生的热应力大,大型零件、厚度相差大、形状复杂和有尖锐缺口的零件在热处理时容易开裂。中等或高合金化时效合金(如GH145、GH500、GH710、GH718等)大型零件固溶或退火后水冷会产生裂纹。有些高温合金如 GH141 在高温固溶处理时碳化物全部溶入基体,在 760～870 ℃之间保持会在晶界形成脆性的 M23C6 碳化物薄膜,或在熔焊时在焊缝热影响区沿晶界析出 M23C6 碳化物薄膜,这种材料的焊接件在标准热处理时会产生应变时效裂纹。

　　3. 轻合金热处理常见缺陷
　　(1)铝合金热处理常见缺陷
　　热处理在铝合金加工制品中可能引起的缺陷如下:
　　① 淬火裂纹:产生淬火裂纹的主要原因是加热温度过高和淬火冷却速度过大。在挤压棒材的粗晶环区易于形成淬火裂纹,其特点是沿晶粒边界开裂。
　　② 铜扩散:通常是指高强硬铝合金包铝板材,在较高温度和较长时间加热过程中,合金基体中的铜原子沿晶界扩散到包铝层中的现象。当铜原子沿晶界穿透包铝层时,会降低包铝层的防腐性能。
　　③ 高温氧化:是指由于加热炉内空气湿度过大,在热处理过程中使制品表面和表层产生气泡的现象。
　　④ 过烧:热处理时,由于加热温度高于合金中共晶的熔点或固相线,使共晶或局部晶界熔化所形成的铝合金加工制品缺陷。过烧有三种组织特征:熔化的共晶形成的共晶球;晶界复熔形成的局部展宽晶界;三个晶粒交界处(简称三叉晶界)熔化形成三角形晶界。发现其中一种特征即判定为过烧(如图 7-36)。过烧的加工制品塑性受到损失,疲劳寿命显著降低,耐腐蚀性受到损害。已过烧的组织,难以用热处理的方法完全消除,只能报废。

图 7-36　过　烧

　　(2)镁合金热处理常见缺陷
　　镁合金热处理常见缺陷有:变形、过烧(熔孔)、表面氧化、晶粒畸形长大、化学氧化着色不良。
　　(3)钛合金热处理常见缺陷
　　钛合金热处理常见缺陷有:过热与过烧、渗氢、氧化。

7.7　非金属制造工艺缺陷分析

　　非金属材料由非金属元素或化合物构成的材料。自 19 世纪以来,随着生产和科学技术的进步,尤其是无机化学和有机化学工业的发展,人类以天然的矿物、植物、石油等为原料,制造和合成了许多新型非金属材料,如水泥、人造石墨、特种陶瓷、合成橡胶、合成树脂(塑料)、合成纤维等。本章节简单介绍了聚合物基复合材料、蜂窝夹层结构材料以及火药药柱的三种非金属材料的工艺缺陷。

7.7.1　聚合物基复合材料构件缺陷

聚合物复合材料是将强化物质添加到聚合物内,以增加所需的性质。单晶/须晶、黏土、滑石、云母等低长宽比之片状填充料可以提高材料的韧性。然而,纤维、玻璃纤维、石墨、硼等高长宽比的填充料可以同时提高拉伸强度和劲度。复合材料也有缺点,主要由于它是两相材料。两种不同材料的结合总会引起内应力,引起电化学作用,这使得复合材料所受到的环境侵蚀要比任一种单独材料严重。热胀系数的差异会造成翘曲、塑性形变和开裂等。

聚合物基复合材料构件的可能缺陷如下。

(1)分层:层板中层的分离。

(2)固化不足:基体未完全固化。

(3)纤维错排:纤维铺向错误,与预订的铺层或纤维缠绕图有偏差,或因树脂过度流动引起的纤维移动造成的反常。

(4)纤维损伤:纤维丝的折断、打结或胶接。

(5)富脂或贫脂:分布于层板表面上的富脂和贫脂区。可能原因是:预浸树脂含量变化;真空袋固化过程中树脂排出不当;树脂在短纤维模压条件下流动条件发生变化。

(6)厚度变化:通常与层板中树脂含量变化有关,对于开模工艺难以避免。

(7)孔洞、孔隙:空气或存在于树脂中的挥发物的截留。它们可以是宏观的,也可以是微观的;可以是局部的,也可分布在整个层板内。微观的密集孔洞通常称为孔隙。

7.7.2　蜂窝夹层结构缺陷

蜂窝夹层结构的可能缺陷包括:间隙型缺陷(分层、空洞、气泡、脱粘)、紧贴型缺陷、弱胶接、疏松和型芯缺陷(型芯断裂、接点脱开、型芯收缩、型芯皱折、型芯压皱、型芯拼接缝脱开、型芯内外来物、型芯积水、型芯腐蚀)。

(1)分层:复合材料面板中纤维铺层之间未粘上且存在间隙的缺陷。

(2)空洞:被粘物间直径不小于 5 mm 的孔洞。

(3)气泡:胶层中出现的直径不大于 5 mm、边界圆滑、内含气体的小泡。

(4)脱粘:面板与蜂窝之间未粘上形成的缺陷。

(5)紧贴型缺陷:被粘物间有胶层未粘上、无间隙、胶接强度为零的平面型缺陷。

(6)弱胶接:被粘物间胶接强度低于规定值的缺陷。

(7)疏松:胶层中存在的密集微小的多孔性缺陷。

(8)型芯断裂:蜂窝型芯出现的纵向或横向断裂。

(9)型芯收缩:蜂窝型芯因横向收缩引起的变形。

(10)型芯皱折:蜂窝型芯因横向和纵向的扭矩作用引起的变形。

(11)型芯压皱:蜂窝型芯厚度方向的压缩变形。

7.7.3　火药药柱缺陷

双基火药药柱的主要缺陷有端面缺陷、表面缺陷和内部缺陷。端面缺陷包括碰伤崩落、结构疏松、气孔、划痕等;表面缺陷包括碰伤、崩落、划痕、油斑渍等;内部缺陷包括结构疏松、气孔、裂纹、夹杂等。

复合火药药柱的主要缺陷有表面缺陷和内部缺陷,内部缺陷包括气泡、裂纹、夹杂物和层间脱粘等。

7.8　服役缺陷

产品服役缺陷是指产品在服役状态下,由于收到外界环境的影响以及产品自身的设计、原材料和零部件、制造装配或说明指示等方面的,未能满足消费或使用产品所必须合理安全要求的情形下所产生的缺陷。常见服役缺陷有腐蚀、疲劳和磨损。

1. 腐蚀

金属腐蚀的类型按进行的历程分为化学腐蚀和电化学腐蚀;按腐蚀破坏分布的特征可分为均匀腐蚀和局部腐蚀;按环境和条件可分为大气腐蚀、海水腐蚀、土壤腐蚀、生物腐蚀和特定使用条件下的腐蚀。金属材料的腐蚀敏感性与材料本身、环境和条件有关。

2. 疲劳

材料在交变应力(应变)作用下产生疲劳裂纹进而扩展乃至断裂的过程,包括腐蚀疲劳、接触疲劳、热疲劳等。

3. 磨损

磨损有多种形式,如粘着磨损、磨朴磨损、表面疲劳磨损、冲击磨损、微振磨损等。

7.8.1　铸件在役缺陷

铸件是用各种铸造方法获得的金属成型物件,即把冶炼好的液态金属,用浇注、压射、吸入或其他浇铸方法注入预先准备好的铸型中,冷却后经打磨等后续加工手段后,所得到的具有一定形状,尺寸和性能的物件。铸件常见的在役缺陷有气孔、夹杂、疏松、裂纹等。

1. 气孔

液态气体溶解度高于固态,凝固过程中气态以气泡的形式离开铸件,气泡可被凝固在铸件中,如图 7 - 37 所示。

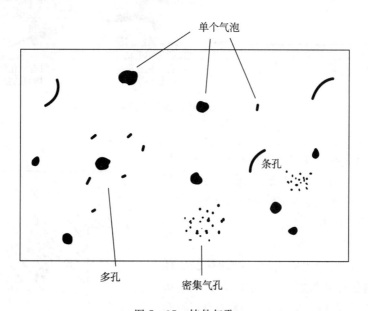

图 7 - 37　铸件气孔

2. 非金属夹杂物

两种类型：夹砂和夹渣，夹砂从砂型、砂颗粒通过黏土保持在一起。如果砂压实不足或熔化的金属流过重冲入模具中，导致模具的零件松动或金属流冲击砂被破坏。夹砂上浮在较重的金属，可分辨上或下侧的起源不同，如图 7-38 所示。

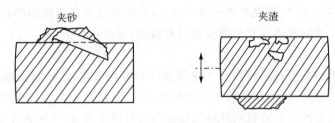

图 7-38　铸件非金属夹杂物

3. 疏松Ⅰ类型

起源于液态和相邻的固态间，如图 7-39 所示。

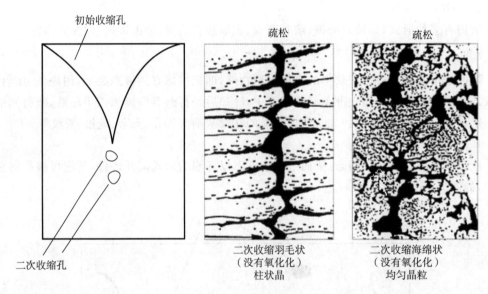

图 7-39　铸件疏松Ⅰ类型

4. 疏松Ⅱ类型

疏松开始位于较大的横截面，在这些地点材料凝固过程中液态停留时间较长，因补充原因凝固产生收缩疏松或造成空隙，有时也可能形成"密度不足"，如图 7-40 所示。

5. 冷裂

材料充分凝固后产生的裂纹。冷却热的固体导致收缩力，可能导致破裂，尤其是应力集中结构处。裂缝可能为直线，也可能为锯齿状，如图 7-41所示。

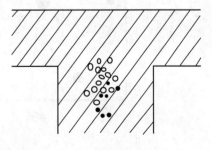

图 7-40　铸件疏松Ⅱ类型

6. 热裂纹

在凝固过程中,最后阶段晶粒之间液态材料发生热裂。这些液体"薄膜"可由含硫或磷较多偏析造成的。热裂纹跟随晶粒结构而生,分叉和锯齿状。断面上通常发现碳被氧化,如图 7 - 42 所示。

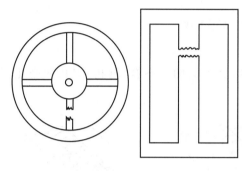

图 7 - 41　铸件冷裂

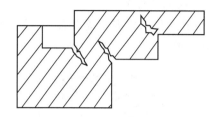

图 7 - 42　铸件热裂纹

7. 芯撑未熔

型芯撑和核心支撑保持在适当位置芯时,液体金属倒入模具中。在结束时,型芯撑的材料和固定的材料应该完全熔合在一起,当型芯撑是湿的,油性或氧化或当熔融金属太冷产生未熔合,如图 7 - 43 所示。

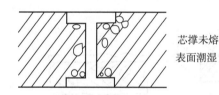

芯撑未熔
表面潮湿

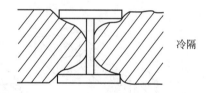

冷隔

图 7 - 43　铸件芯撑未熔

7.8.2　焊件在役缺陷

焊接已发展为制造业中的一种重要的加工方法,在焊接产品中,焊缝质量的好坏直接影响到产品的使用寿命长短。所以,在生产过程中必须严格按照设计要求控制焊缝尺寸,以及严格控制各类缺陷的产生。焊件常见的在役缺陷有裂纹、气孔、夹杂、夹渣等。

1. 焊缝裂纹

裂纹起源于应力集中的位置,通过扩展相对于焊缝位置和形状,如图 7 - 44 所示。

2. 弧坑裂纹

电条焊接不可避免产生弧坑,弧坑常发生于收弧位置,弧坑可产生不同类型的裂纹,如图 7 - 45 所示。

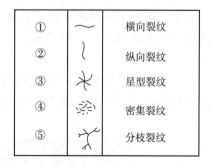

①	〜	横向裂纹
②	〜	纵向裂纹
③	米	星型裂纹
④	〜	密集裂纹
⑤	〜	分枝裂纹

图 7 - 44　焊件裂纹

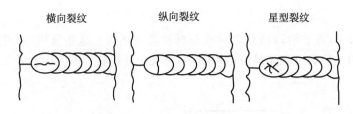

图 7 - 45 焊件弧坑裂纹

3. 气孔类型 I

气孔产生的原因有潮湿焊条、太高电压等,其不同的形态有:单孔、多孔和密孔,如图 7 - 46 所示。

图 7 - 46 焊件气孔类型 I

4. 气孔类型 II

群孔具有不同的形态,可以成排或平行于焊缝表面或贯穿焊缝,如图 7 - 47 所示。

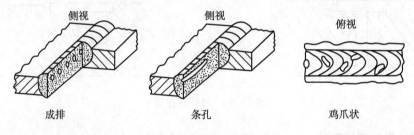

图 7 - 47 焊件气孔类型 II

5. 夹渣

通常产生于层间焊渣未清理干净,可位于焊缝的根部、熔合面呈单个或成排,分为圆形的或条线的夹渣,如图 7 - 48 所示。

6. 金属夹杂

可为夹钨或埋弧焊的夹铜,它们的原子序数和密度都高于钢,夹杂呈现圆形的点状或密集断裂的钨点,而夹铜仅是圆形的,如图 7 - 49 所示。

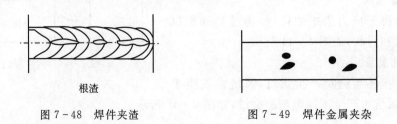

图 7 - 48 焊件夹渣   图 7 - 49 焊件金属夹杂

7. 未熔合

超前熔化的填料金属落在冷金属上,产生未熔合。这些融合缺陷可以位于根部,在侧壁或焊接材料的不同层之间,如图 7-50 所示。

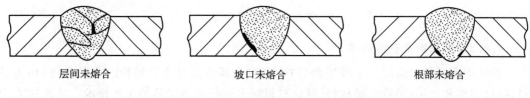

层间未熔合　　　　　　　　坡口未熔合　　　　　　　　根部未熔合

图 7-50　焊件未熔合

8. 根部不连续

根据不同的准备,可产生不同的根部不连续,如图 7-51 所示。

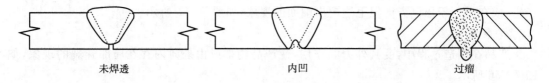

未焊透　　　　　　　　　　内凹　　　　　　　　　　过瘤

图 7-51　焊件根部不连续

9. 咬边

当填充金属影响母材形成凹坑,可发生在盖面或根部。咬边为槽状不连续,可在载荷下导致裂纹,如图 7-52 所示。

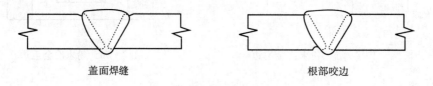

盖面焊缝　　　　　　　　　　　　根部咬边

图 7-52　焊件咬边

10. 余高过高或不足

填充金属过多或不足引起,载荷下可产生应力集中,如图 7-53 所示。

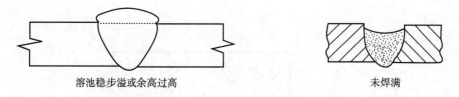

溶池稳步溢或余高过高　　　　　　　　　　未焊满

图 7-53　焊件余高过高或不足

11. 错边

相连接的两构件准备不佳不在一直线上,如图 7-54 所示。

错边（不平行）　　　　　　　　　　角度偏离

图 7-54　焊件错边

7.8.3　粉末冶金在役缺陷

粉末冶金是制取金属粉末或用金属粉末（或金属粉末与非金属粉末的混合物）作为原料，经过成形和烧结，制造金属材料、复合材料以及各种类型制品的工艺技术。通常粉末冶金的产品内部质量优良，但生产中时有表面缺陷发生。粉末冶金常见的在役缺陷有毛边、裂纹、线纹、崩损等。

1. 毛边

由于模具磨损或模具组配间隙的原因而不可避免地产生：当有毛边在垂直于压制方向产生，或在平行于压制方向但毛边超出端面的现象，如图 7-55 所示。

2. 裂纹

产品在制造过程中，受到外力的作用，使产品内部或由外向内存在局部开裂的现象，如图 7-56 所示。

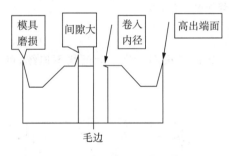
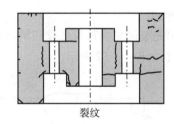

图 7-55　粉末冶金毛边　　　　　图 7-56　粉末冶金毛边

3. 线纹

因模具产生裂纹，而在产品表面形成线状的凸起，非裂纹，如图 7-57 所示。

4. 崩损

产品在制造过程中，因局部密度、脱模关系、外力作用而产生局部掉落的不良现象，如图 7-58 所示。

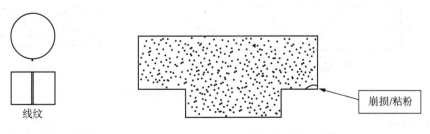

图 7-57　粉末冶金线纹　　　　　图 7-58　粉末冶金崩损

7.8.4　锻件在役缺陷

锻件是指通过对金属坯料进行锻造变形而得到的工件或毛坯。锻造可以利用对金属坯料施加压力,使其产生塑形变形,改变其机械性能。通过锻造可消除金属的疏松、孔洞,使锻件的机械性能得以提高。

锻件常见的在役缺陷有原生不连续、偏析、裂纹、流线、折叠、白点等。

1. 原生不连续

原料锻件含有缺陷如夹杂物,锻件端头必须通过切削除去。在锻造期间这些不连续被压平并几乎消失在一定的方向。尽管如此,锻棒的芯(中心线)保留的缩孔可通过无损检测发现,如图 7-59 所示。

2. 偏析区域

钢和合金的凝固发生在一定的温度和浓度范围内,由于溶质元素在液相和固相的溶解度差异和凝固过程中的选分结晶,在凝固过程中产生了溶质元素分布的不均匀性,通常称之为偏析。偏析分为显微偏析(树枝偏析)和宏观偏析(低倍偏析)两类,如图 7-60 所示。

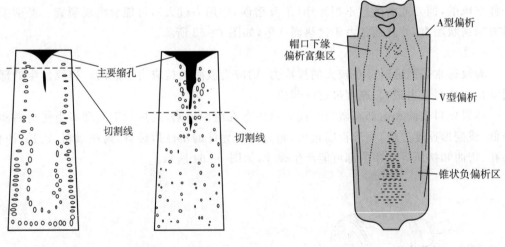

图 7-59　锻件原生不连续　　　　　　　　图 7-60　锻件偏析

3. 流线

锻件的微观结构显示了"流线"表示在成形过程中材料的变动,该线由颗粒、夹杂物、偏析和小缺陷形成。流线指示用于无损检测操作者判定对缺陷产生的可能方向,如图 7-61 所示。

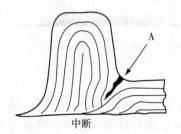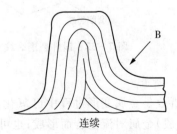

中断　　　　　　　　　　　　　　　　　连续

图 7-61　锻件流线

4. 中心爆裂

锻造外力过大,锻打温度过低导致中心产生裂纹。裂纹呈现星形、多方向延伸或仅一个方向发展,可通过中心穿孔的方法消除。但孔必须检测是否存在裂纹,如图 7-62 所示。

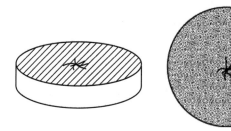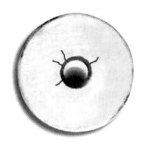

图 7-62　锻件流中心爆裂

5. 磨削裂纹

锻件应通过加工获得最终的形状和尺寸。加工可以通过钻孔来完成,和任何其他过程一样车床的,铰刀或磨削。不当操作(工具错误,作用力过大),可能会出现裂缝。磨削裂纹具有网络状图案,并且通常由于过热而产生,如图 7-63 所示。

6. 裂纹

裂纹通常是锻造时存在较大的拉应力、切应力或附加拉应力引起的。裂纹发生的部位通常是在坯料应力最大、厚度最薄的部位。

如果坯料表面和内部有微裂纹或坯料内存在组织缺陷,或热加工温度不当使材料塑性降低,或变形速度过快、变形程度过大,超过材料允许的塑性指标等,则在镦粗、拔长、冲孔、扩孔、弯曲和挤压等工序中都可能产生裂纹,如图 7-64 所示。

磨削机器

磨削裂纹

图 7-63　锻件磨削裂纹

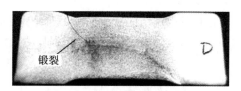

锻裂

图 7-64　锻件裂纹

7. 折叠

折叠是金属变形过程中已氧化过的表层金属汇合到一起而形成的。它可以是由两股(或多股)金属对流汇合而形成;也可以是由一股金属的急速大量流动将邻近部分的表层金属带着流动,两者汇合而形成;也可以是由于变形金属发生弯曲、回流而形成;还可以是部分金属局部变形,被压入另一部分金属内而形成。

也可能与硫含量过高有关,如图 7-73 所示。

10. 边部裂纹

由于板坯边部裂纹所致,有时来自板坯火焰切割边,出现在中心偏析区,如图 7-74
所示。

图 7-73　轧材边部过烧　　　　　　　　　图 7-74　轧材边部裂纹

参 考 文 献

[1] 国防科技工业无损检测人员资格鉴定与认证培训教材编审委员会．无损检测综合知识．北京：机械工业出版社，2004.

[2] 美国无损检测学会．无损检测综合知识-材料与工艺．ASNT Continuing Education.

[3] 中国冶金百科全书编辑委员会．中国冶金百科全书：金属材料卷．北京：冶金工业出版社，2001.

[4] 师昌绪．材料大词典．北京：化学工业出版社，1994.

[5] 中国大百科全书总编辑委员会．中国大百科全书：机械工程卷．北京：中国大百科全书出版社，1987.

[6] 中国冶金大百科全书编辑委员会．中国冶金百科全书：金属塑性加工．北京：冶金工业出版社，1987.

[7] 中国机械工程学会铸造专业分会．铸造手册：第五卷铸造工艺．北京：国防工业出版社，1996.

[8] 方昆凡,黄英．机械工程材料实用手册．沈阳：东北大学出版社，1995.

[9] 航空制造工程手册编委会．航空制造工程手册：焊接．北京：航空工业出版社，1996.

[10] 航空工业科技词典：航空材料与工艺．北京：国防工业出版社，1982.

[11] 李成功,傅恒志,于翘等．航空航天材料．北京：国防工业出版社，2002.

[12] 高温合金为航空、航天、能源事业保驾护航[J]．材料保护，2022，55(03)：32.

[13] 王骏,郭飞强．镍基单晶高温合金力学性能各向异性研究进展[J/OL]．济南大学学报(自然科学版)，2022(04)：1-7[2022-05-16].

[14] 袁战伟,常逢春,马瑞,等．增材制造镍基高温合金研究进展[J]．材料导报，2022，36(03)：206-214.

[15] 郝碧波,赵华华,刘兴明．轻金属材料镁锂合金的工程化应用[J]．金属加工(冷加工)，2019(S2)：86-89.

[16] 方炬,关健鑫．轻量化与轻金属材料应用[J]．中国金属通报，2011(25)：18-21.

[17] 张红昆,张延,陈磊,等．铁碳合金相图研究[J]．科技创新与应用，2021，11(31)：36-39.

[18] 边明勇．高强度铝合金铸造与热处理技术研究[J]．山西冶金，2021，44(05)：200-202.

[19] 王欣,罗学昆,宇波,等．航空航天用钛合金表面工程技术研究进展[J]．航空制造技术，2022，65(04)：14-24.

[20] 李渤渤,程亚珍,杨光,等．钛合金消失模覆壳-精密铸造技术及应用研究[J]．特种铸造及有色合金，2022，42(01)：125-128.

[21] 贾昌远,霍元明,何涛,等. 镁合金从工艺到应用的发展研究现状[J]. 农业装备与车辆工程,2022,60(04):61-65.

[21] 安娜. 无机非金属材料的应用与发展[J]. 当代化工研究,2022(07):105-107.

[23] 许忠斌,陈先忧,周方浩. 非金属材料压力制件及其耐压技术的研究进展[C]//. 压力容器先进技术——第十届全国压力容器学术会议论文集(上),2021:89-95.

[24] 罗运军,夏敏. 火炸药用功能材料发展趋势的思考[J]. 含能材料,2021,29(11):1021-1024.

[25] 冯亮. 高炉炼铁设备的使用及维护检修管理[J]. 冶金管理,2022(03):37-39.

[26] 李兰涛. 高炉炼铁技术工艺及应用分析[J]. 天津冶金,2021(06):5-7+32.

[27] 袁金甲. 电炉炼钢原料及直接还原铁生产技术[J]. 冶金与材料,2022,42(02):101-102.

[28] 倪弦. 关于转炉炼钢脱氧工艺研究[J]. 冶金与材料,2022,14(01):29-30.

[29] 杨昊坤,邱谨,周宏伟,等. 铝/镁双金属铸造复合材料的组织与性能[J/OL]. 中国有色金属学报:1-17[2022-05-16].

[30] 胡鹏,陈一帆,贾乐乐. 金属材料焊接中超声无损检测技术的应用[J]. 中国金属通报,2022(01):70-72.

[31] 张明浩. 金属材料焊接中缺陷分析及对策[J]. 船舶物资与市场,2021,29(11):3-4.

[32] 向文欣,李中良,祁爽,等. 异种金属焊接接头役致缺陷无损检验验收标准研究[C]//. 压力容器先进技术——第十届全国压力容器学术会议论文集(下).,2021:583-589.

[33] 张红云. 金属塑性加工中应力——应变状态分析[J]. 泰山学院学报,2006(03):84-88.

[34] 孙小舟. 浅析金属腐蚀的防护技术[J]. 当代化工研究,2022(07):123-125.

[35] 王志亮. 金属腐蚀与防护研究[J]. 内燃机与配件,2021(06):153-154.

[36] 薛松海,谢嘉琪,刘时兵,等. 钛合金粉末冶金热等静压技术及发展现状[J]. 粉末冶金工业,2021,31(05):87-93.

[37] 白爱东,罗宝宇. 金属材料焊接成型中的常见缺陷问题及优化控制策略[J]. 中国金属通报,2021(06):108-109.

[38] 袁世昌,王凤仙. 双金属复合管焊接工艺及常见缺陷分析[J]. 中国石油和化工标准与质量,2011,31(02):63-64.

[39] 巴合提,巴努木. 金属焊接工艺常见的缺陷及其预防措施[J]. 机械工程与自动化,2011(05):197-199.

[40] 娄旭. 热处理钢板缺陷预防[J]. 冶金与材料,2022,14(01):3-4.

[41] 李晋. 金属材料热处理变形的影响因素及控制策略[J]. 现代盐化工,2022,49(01):56-57.

图书在版编目(CIP)数据

无损检测基础知识：材料与加工工艺/张建卫,冶金无损检测人员技术资格鉴定委员会著.—合肥:合肥工业大学出版社,2024.8
ISBN 978-7-5650-6385-5

Ⅰ.①无…　Ⅱ.①张…　②冶…　Ⅲ.①无损检验　Ⅳ.①TG115.28

中国国家版本馆 CIP 数据核字(2023)第 125697 号

无损检测基础知识
——材料与加工工艺

冶金无损检测人员技术资格鉴定委员会　张建卫　著　　　责任编辑　马成勋

出　版	合肥工业大学出版社	版　次	2024 年 8 月第 1 版
地　址	合肥市屯溪路 193 号	印　次	2024 年 8 月第 1 次印刷
邮　编	230009	开　本	787 毫米×1092 毫米　1/16
电　话	理工图书出版中心:15555129192	印　张	12
	营销与储运管理中心:0551-62903198	字　数	292 千字
网　址	press.hfut.edu.cn	印　刷	安徽联众印刷有限公司
E-mail	hfutpress@163.com	发　行	全国新华书店

ISBN 978-7-5650-6385-5　　　　　　　　　　　　　定价:40.00 元

如果有影响阅读的印装质量问题,请与出版社营销与储运管理中心联系调换。